"La grandezza di una nazione e il suo progresso morale
possono essere giudicati dal modo in cui
i suoi animali vengono trattati".

— Mahatma Gandhi

AF854045

La frase qui riportata è dipinta sul muro di cinta dell'Arunachala Animal Sanctuary and Rescue Shelter, una delle associazioni di volontariato più attive di tutta l'India, impegnata a Tiruvannamalai nel salvataggio e nella cura di decine di migliaia di animali di ogni specie, in gran parte cani. Potete farvi un'idea del lavoro instancabile e prezioso di questi volontari visitando il sito:http://cms.arunachalasanctuary.com/ all'interno del quale troverete anche una pagina dedicata alle donazioni e alle sponsorizzazioni: http://cms.arunachalasanctuary.com/to-donate-and-other-ways-of-helping/to-donate

Manlio Castagna e Roberto Mucelli

Io e il Cane

Tutto quello che avresti voluto
sapere sul tuo cane
e non hai mai osato
chiedere, pensare o sognare

EDIZIONI
IL PUNTO
D'INCONTRO

Manlio Castagna e Roberto Mucelli
Io e il cane

Prima edizione italiana pubblicata nel novembre 2014 da Edizioni Il Punto d'Incontro, via Zamenhof 685, 36100 Vicenza, tel. 0444239189, fax 0444239266, www.edizionilpuntodincontro.it
Finito di stampare nel novembre 2014 presso LEGO s.p.a., Vicenza

ISBN 978-88-6820-129-6

Referenze fotografiche:
Manlio Castagna: pagg. 3, 16, 106, 180
Petrademone.it: pagg. 14, 34, 48, 64, 122, 161, 185, 222, 230
Luca Apolito: pag. 26
Istock Photo: pagg. 58, 76, 92, 143, 144, 164, 190, 202, 209, 237
Foto dal film *Umberto D.* di Vittorio De Sica, 1952: pag. 229

Indice

Dedicato a Cristina, anima bella,
la donna che detiene
i segreti della nascita e della cura

Dedicato a Matteo, forte e saggio,
cresciuto con i cani come fratelli

Dedicato a Elrond,
che mi ha reso un uomo migliore

Dedicato a tutti i cani che
hanno attraversato il ponte dell'arcobaleno
e vivono nella nostra memoria con amore infinito

Note introduttive

Abbiamo un piccolo cimitero nel nostro parco dove sono sepolti tutti i nostri cani che non ci sono più. Sulla lapide all'entrata abbiamo scolpito questa frase: "Vi abbiamo amato noi per quanto ci avete amato voi?". Questo è il pensiero che dovrebbe risuonare sempre nella mente di chi vive accanto a questi splendidi animali.

— Lucia e Lino Banfi

Cari bambini italiani, vi scrivo a nome mio e di tanti altri cani.
Ero un bel cane meticcio, mi chiamavo Zazzà,
fui abbandonato in autostrada da un vostro papà.
Lo obbligò vostra madre con tanta tracotanza,
tutto questo solo per quindici giorni di vacanza.
La cosa triste, è che a te hanno raccontato la solita bugia,
che io ero morto per una brutta malattia.
Sono passati tanti anni ma, adesso ti scrivo dall'aldilà,
perché sei diventatato anche tu papà,
e proprio perché i tuoi non ci sono più,
col senno di oggi, sii ragionevole almeno tu.
Se dovessi abbandonare un mio simile, sii gentile, è molto meglio
che lo abbandoni in un canile.
Non lo abbandonare per strada, verso morte sicura, perché io non fui
investito da nessuna macchina, sono morto di tristezza e di paura.

— Lino Banfi

Ho conosciuto Lino Banfi un po' di tempo fa e sono rimasto incantato dalla sua profonda empatia. È una persona vera, capace di emozionarsi per le cose semplici. E conosco la passione che lui e la moglie hanno da anni per i cani. Un solo aneddoto per raccontare di questo amore: per il loro cinquantesimo anniversario di matrimonio, Lino e Lucia Banfi hanno chiesto ad amici e parenti di non fare regali ma di devolvere le somme che avrebbero speso per la creazione di un piccolo rifugio per cani abbandonati. (M. Castagna)

Sin dall'infanzia ho sempre vissuto con un cane in casa. Da quando mi sono sposato con Silvia la nostra famiglia, oltre ai figli, si è notevolmente allargata: oggi di cani ne abbiamo otto, tra adottati, papà, mamme e figli. Ognuno ha il propio carattere, la propria indole, il proprio modo di amarci e di vivere con noi il suo tempo. È una gioia vivere con loro, giocare con loro, accudirli.

Questo bel libro di Manlio e Roberto vi farà conoscere meglio i nostri "migliori amici": conoscendoli più a fondo di sicuro saremo in grado di vivere meglio la nostra vita e loro certamente saranno ancora più felici di unire la loro ombra alla nostra.

I nostri due ultimi cani sono stati adottati. Pupo ha circa sei anni e proviene da un poverissimo canile di Pantelleria. È stata una adozione difficile... Lui era pieno di paure, un solitario abituato a vivere in una gabbia di due metri all'aperto tutto l'anno. Ha dovuto imparare a vivere. Ma il nostro amore l'ha vinto!

Odette viene dal Cilento, una diseredata di circa quattro

anni che adora Pupo – come lui ha alle spalle un passato di sventure. Vivono felicemente sempre insieme perché si riconoscono. Questi poverelli trascurati e abbandonati ora hanno ricche pappe, grandi cucce e tanto, tanto amore.

Nati fortunati, invece, sono due Boston Terrier mamma e figlio, caratteri allegri, giocherelloni, sportivi, affettuosi, e tre Griffoncini di Bruxelles: papà, mamma e figlio. Dolcissimi e attaccatissimi al padrone, notevoli "avvisatori" da guardia!

Ultima una Chihuahua che tiene testa a chiunque con il suo temperamento coraggioso; una "scugnizzetta" giocherellona che mette in croce tutti con i suoi inarrestabili giochi.

A casa nostra insomma non ci si annoia e non è ammesso chi non ama i cani, che anzi viene guardato con molto sospetto.

— Christian De Sica

Basta fermarsi un attimo a osservare la cosa da un punto di vista oggettivo, esterno: il cane non deve niente all'uomo – partiamo da questo presupposto.

Il rapporto che abbiamo con i nostri cani si costruisce su qualcosa che noi imponiamo a loro. C'è una sorta di imposizione di amore, in effetti. È qui che scatta la magia: l'atto dell'imporre qualcosa, nell'essere umano, viene sempre recepito in modo negativo; sempre. Esiste, invece, un essere che riceve un'imposizione "positiva" e la ricambia, la potenzia, la eleva a qualcosa a cui noi non potremo mai arrivare.

L'amore di un cane ci rende consapevoli del fatto che noi non potremo mai essere puri; la passione e la considerazione del sentimento dati da un cane sono come uno specchio che non puliamo mai troppo a fondo per vederci la nostra immagine riflessa come vorremmo. Come dovrebbe.

Si potrebbe dire che siamo noi i cani e loro i padroni, ma sarebbe comunque un discorso umano; il rispetto di un cane viaggia oltre ogni tipo di gerarchia. L'amore del cane, per trovare una chiusa, è la massima aspirazione dell'umanità fallibile".

— Claudio Di Biagio

Claudio è un mio grande amico e soprattutto una persona che stimo. Gli ho chiesto di scrivere due righe sul suo rapporto con i cani (ha lo splendido Dylan che a volte compare nei suoi divertentissimi video) e lui in mezz'ora mi ha inviato questo testo che mi è sembrato perfetto. Ha messo l'accento sulla purezza e, detto da un "cuore onesto" come al suo, c'è da credergli. (M. Castagna)

Il libro di Manlio e Roberto è un bel viaggio alla scoperta di noi stessi attraverso il rapporto con il nostro migliore amico: il cane.

— Ornella Muti

"Gli animali partecipano dell'universo che precede il linguaggio, che affonda nel perdurante passato della comune radice, nella compresenza neonatale di tutte le specie, nella domanda che ci poniamo sull'esistenza condivisa... Sono l'occhio del mondo che, senza di loro sarebbe uno sterminato e muto giardino senza vita o risonanza musicale, una foresta incantata ma senz'anima".

— Marco Ventura, *Così nasce un papà*

Qual è la struttura che unisce il granchio al gambero e l'orchidea alla primula? E cosa collega loro quattro a me? E io a voi? E noi sei all'ameba da un lato e allo schizofrenico dall'altro?

— Gregory Bateson, *Mente e natura*

1.

Una vita non basta

Perché vivere con i cani e allevarli

"Amare qualcuno significa dirgli: tu non morrai".

— Gabriel Marcel, *Il mistero dell'essere*

Caro Manlio,

nell'aria c'è l'odore dell'estate che si rompe e le nuvole avvolgono le cime delle Val Pusteria, nell'aria c'è odore di umido che allerta il palato a pregustare l'autunno che arriverà. Indulgono così i ricordi, mentre Beowulf e Aragorn [i miei due border più "alti in grado" nel branco] sognano sui miei piedi.

La vita che nasce da una ferita

Eravamo nel 1991, avevo raggiunto, primo in Italia, un traguardo molto importante nell'ambito della mia professione, avevo 35 anni.

Una collega si avvicinò e con cortesia mi chiese: "Adesso con questo nuovo titolo cosa farai?". Io non pensai ma vidi una scena, chiara come le soleggiate mattine invernali.

"Aprirò un canile".

La collega ne fu indignata, a giusta ragione scambiò la risposta con un atteggiamento molto snob che, peraltro, non mi appartiene. Una visione. Avevo visto il futuro.

Un futuro che iniziava a nascere come un albero rigoglioso saldamente piantato su una ferita.

Sì, le cose migliori nascono da "ferite". Wilfred Bion, psicoanalista inglese del secolo scorso diceva che il "pensiero nasce da una mancanza". Una ferita importante che mi portavo dentro e mi conduceva alla ricerca di radici, profonde, solide. Quelle radici si manifestavano alla mente, chissà perché, sotto forma di cani, tanti cani, e di una terra dove loro potessero stare.

L'anno dopo non arrivarono successi professionali ma arrivò Petrademone (il nome della tenuta e dell'allevamento) che iniziava a diventare un luogo adatto per nascere, ma ancora non lo sapevamo.

Nel frattempo il mio Cheyenne, indomito meticcio di 11 anni, mi insegnava tutto quello che c'è da sapere sulla montagna e sugli animali selvatici. Con lui imparai a osservare i cani, cercare indizi dove si poggiava il suo naso, aprire gli escrementi che trovava per cogliere resti di animali predati, annusare dove annusava lui e capire gli odori.

Io e Cheyenne vedevamo la vita allo stesso modo.

Ero assolutamente incompetente su qualsiasi forma di addestramento e lui se ne andava quando voleva, lasciandomi il cuore gonfio d'ansia, per tornare sempre più selvatico, sempre più forte, sempre più bello.

Poi un giorno si fece la pipì sotto e nel giro di un mese se ne andò, discretamente, appena passati i suoi 14 anni. Sul suo divano nella casa di Roma gli facevo compagnia, tutto il giorno poi tutta la notte e poi ancora tutto il giorno; poi, inaspettati, arrivarono i gabbiani, chiassosi come se fossimo sulla tolda di una nave o, meno romanticamente, in mezzo a una discarica.

Gabbiani a Montesacro!

Pensai che fossero "angeli", che fosse arrivato il momento. Intorno alle tre del pomeriggio Cheyenne ebbe difficoltà a respirare e non bastò il mio pietoso tentativo di far entrare aria nei suoi polmoni.

Morì.

Dignitosamente, silenziosamente, nelle mie braccia. Il mio pianto fu meno silenzioso e dignitoso. Immediatamente ricordai, già lo sapevo, cosa volesse dire solitudine.

Era un sabato, i miei cani hanno sempre atteso che io fossi libero dal lavoro nei momenti per noi importanti. Presi la UAZ (un'auto fatta apposta per le montagne), riposi dentro Cheyenne e lo portai a Petrademone. Sotto la pioggia torrenziale di febbraio scavai e scavai, poi usai delle grosse pietre. Ora riposa sulla collinetta sotto la grande quercia, dove gli piaceva oziare e controllare il pratone d'altura.

Un vuoto incolmabile.

Peggy, la sua amica, un cane da caccia, evidentemente non abbastanza brava a favorire la mattanza domenicale perpetrata dai cacciatori, era stata abbandonata e piena di pallini di piombo nel costato.

Da noi raccolta già con la Leshmaniosi, ci lasciò due anni dopo Cheyenne.

Mai più cani. Troppo dolore.

Troppo strano tornare a casa e non trovare un cane. Troppo strana la vita senza uscire con qualsiasi tempo, senza quegli sguardi d'intesa, senza quell'amore dedicato e incondizionato, senza quella vitalità e voglia di vivere, in una parola, senza cani.

Mai più cani. Troppo dolore.

Il dolore doveva essere almeno lenito. Come? Con i figli, e i figli dei figli. Dei miei cani.

La vita è troppo breve per essere sprecata, i cani te lo insegnano, la loro vita è corta, troppo corta e ogni giorno è sacro, deve avere un senso. Petrademone diventò quindi la nostra casa, in realtà lo è sempre stata.

Un posto per l'eternità

Occorreva però un cane di razza, per poter continuare la stirpe, e dopo soli 15 giorni arrivò Free Spirit of Tara, la nostra Birba, il ciclone che rivoluzionò tutta l'esistenza e anche qualcosa in più.

Pensavo di aver staccato un biglietto per l'eternità, pensavo di aver vinto una piccola battaglia contro la morte. La mia femmina avrebbe avuto dei cuccioli e ne avrei tenuto uno. Questa è la motivazione per la quale molti privati non allevatori fanno accoppiare la propria femmina. Una motivazione che, ahimè, non ha nulla a che fare con ciò che è bene per la razza perché in questo modo si seguono solo le emozioni e si possono fare accoppiamenti irrazionali.

Vincere un posto per l'eternità, sconfiggere la morte, qualcosa della mia femmina sopravviverà comunque.

Se questo in parte è vero, occorre d'altra parte la consapevolezza che in questo modo si stacca, allo stesso tempo, un biglietto per l'inferno, visto che nel tentativo di sconfiggere il dolore, in realtà sarà moltiplicato per due, per tre, per quindici!

Ogni cane infatti è "persona", ovvero capace di una grande individualità e identità, unico e irripetibile, vera e propria opera d'arte della vita. Per ogni cane quindi soffriremo in maniera unica, quando mancherà ci mancherà proprio lui o lei, non ci mancherà "un cane".

Ogni cucciolo è un'opera d'arte

Decidere gli accoppiamenti per dar vita a piccole opere d'arte, simili ai genitori e nello stesso tempo individui irripetibili, gioielli unici, meravigliosi. Allevare significa avere una propria idea della razza, un'idea di come meravigliose creature con quella linea di sangue, con quelle caratteristiche morfologiche e temperamentali possano far felice una famiglia, lavorare, giocare.

Ogni parto riserva tante sorprese, la curiosità di vederli crescere, seguirli uno per uno nell'interazione con i loro compagni di viaggio umani. Vederli diventare grandi e forti, vedere le persone felici con i cuccioli nati nelle tue mani.

Tramandare, trascendere. Oltre la vita.

Qualcosa di noi rimarrà, oltre noi. Dei cani meravigliosi, delle famiglie felici, la nostra idea di Border Collie, la nostra idea di come può essere un rapporto tra uomo e cane. Una piccola, forse effimera, rivincita contro la morte, contro l'idea, insopportabile, che possa finire tutto.

Rimarranno i figli dei nostri cani, e i figli dei loro figli, rimarranno i semi della felicità e del rispetto, cresciuti all'ombra di una corretta relazione con il cane. Questi semi di rispetto e tolleranza germoglieranno nei figli umani, cresciuti in famiglie consapevoli e rispettose verso un'altra specie, quindi capaci di tolleranza e accoglienza anche verso esseri umani di diversa religione o etnia.

Un'impresa entusiasmante, destinata a lasciare il segno. Piccolo, certo, ma un segno netto, che resti.

È per questo che durante i parti non tollero di perdere nemmeno un cucciolo, non lascio fare "la natura", come dicono tanti. Lasciar fare alla "natura" è una malcelata ipocrisia di chi non ha il coraggio o la competenza di intervenire perché tutti i cuccioli nascano e vivano sani, oppure la malafede di chi alleva cani lasciando le povere femmine a partorire da sole dentro i box, magari in allevamenti intensivi dove nascono anche dieci cucciolate in contemporanea, incuranti di chi vive o chi muore, sicuramente ottimizzatori del proprio tempo e del proprio impegno rispetto al guadagno finale.

Ogni cucciolo è un'opera d'arte che ha diritto alla vita, che creerà relazioni uniche e irripetibili con i propri compagni umani.

Venire alla luce

La vita in sé ha un valore inestimabile e non bisogna perderne nemmeno una goccia.

È così che rinforzo positivamente ogni contrazione della mamma, creando tra me e lei un'intesa come sul campo di gara. Con mia moglie Cristina siamo presenti a tutto il travaglio e quando inizia il parto è l'emozione più grande: comincia una partita che ha come premio finale l'esistenza, una partita entusiasmante ed emozionante condotta sul sottile filo che si stende tra la vita e la morte.

Un parto è sangue, odore di placenta e liquido amniotico, è anima, è lo sguardo riconoscente della cagnolina che diventa mamma, è stanchezza, sfinimento, incoraggiamento, amore.

Talvolta il cucciolo esce da solo con grande facilità, talvolta va tirato fuori, con forza e delicatezza, con sollecitudine e fermezza. Poi si rivolge il musino già avido d'aria verso il basso, si rompe il sacchetto all'altezza del naso perché possa respirare subito: pollice e indice della mano destra che stringono forte il cordone ombelicale, pollice e indice della mano sinistra che lo tagliano con un colpo sicuro deciso, sufficientemente rapido da poter subito strofinare il cucciolo per vitalizzarlo e valutare la funzione respiratoria: se non è buona subito, mettere il cucciolo a testa in giù e succhiare via il liquido amniotico da quei piccoli polmoni cha hanno fame d'aria.

Succhiare e sputare. Non lo consiglio come drink.

Il parto è sangue, succhiare, muoversi velocemente, attendere pazientemente, concentrarsi, sputare, imprecare, piangere. Quando il cucciolo è bluastro e ha la lingua viola e non respira, non mollare mai, nemmeno di fronte all'evidenza: rianimalo, "dai Roby", succhia e sputa, succhia e sputa, strofina e fai il massaggio cardiaco al ritmo di Staying Alive dei Bee Gees.

Ricordo la lingua di Conan che si è finalmente mossa dopo

45 interminabili minuti, ricordo la lingua della mia Banshee, che si è mossa in cerca d'aria dopo mezz'ora buona. Mi dissi: "Se vivrà resterà sempre con me". Oggi vedo abbastanza frequentemente Conan, cane grande e fiero che vive in montagna con una coppia di persone simpatiche e dinamiche, lo incontro con la linguona di fuori nel corso delle sue interminabili passeggiate.

Quanto a Banshee è la mia ombra, la futura regina di Petrademone: a quanto di prezioso avrei rinunciato se avessi mollato perché "bisogna lasciar fare alla natura"?

Subito dopo si porgono gentilmente i cuccioli alla mamma e ciò che mi emoziona di più è vedere una femmina al primo parto che sa perfettamente cosa fare e quando, una compagna di vita giocherellona che in un attimo si trasforma in una mamma amorevole, sapiente e premurosa. Una fantastica metamorfosi nella quale è racchiuso tutto il segreto della vita.

Essere o non essere (di razza): questo è il dilemma

Resta da sfatare un luogo comune per me diventato oramai poco sopportabile: "Perché mettere al mondo cani di razza quando ci sono tanti meticci da salvare?". Semplicemente perché dietro l'idea di allevare una determinata razza e di condividere la vita con loro c'è una visione, un progetto, una passione, un amore da compiere e soddisfare.

Con il meticcio non possiamo prevedere, immaginare, sognare, dare forma, sicuramente possiamo amare, limitandoci a cogliere di buon grado ciò che il fato ci ha destinato. Il meticcio non ha caratteristiche e indole prevedibili. Tutto qui.

Ma è egoismo!

Sì, perché no? Perché l'ipocrisia? Chi di noi non desidera la relativa prevedibilità in funzione di un'idea, chi non desidera che una piccola parte del proprio essere non sopravviva attraverso la trasmissione, attraverso il trascendere? Come se gli allevatori - e le generalizzazioni sono sempre rischiose - non fossero dalla parte della vita quanto lo sono i volontari dei canili!

Non si rema uno contro l'altro, siamo entrambi per la vita. Quante volte, a famiglie che consideriamo per tanti motivi inadatte a vivere con un Border Collie, consigliamo di adottare un meticcio?

Esistono diverse tipologie di persone e di desideri, che si adattano di più a un cane di razza oppure a un meticcio, bisogna saper valutare i desideri delle persone e, nella misura del possibile, soddisfarli. Una famiglia che vive bene e felicemente, con un cane di razza dalle grandi potenzialità e bene addestrato, è il luogo migliore dove poter accogliere un cane in difficoltà perché si tratta di una situazione solida e competente.

Inoltre, anche tra i cani ci sono quelli più o meno fortunati, come tra gli esseri umani.

Perché devo sentirmi in colpa tutte le sere quando ceno pensando alla fame nel mondo? Il senso di colpa spesso costituisce il viatico per evadere il problema, una volta sentitomi in colpa posso benissimo evitare di fare quanto è in mio potere.

Sogno un mondo in cui i cani fortunati possano aiutare i loro "amici" meno fortunati, attraverso la partecipazione attiva a manifestazioni per le raccolte di fondi e così via.

L'agility dog sta già rendendo un bel servizio ai canili, purché si capisca che siamo tutti dalla stessa parte e non si combattano guerre ipocrite brandendo luoghi comuni come se fossero spade.

Alla ricerca dei demoni e della felicità

Quindi, perché allevare cani?

Semplice, per trasmettere felicità. Tutti gli uomini naturalmente cercano la felicità, che i Greci nell'età classica chiamavano "Eudaimonia".

Alla lettera, eudaimonia significa stare con un buon demone. Il demone non era un'entità spirituale negativa e terrificante; questo significato negativo è stato introdotto solo con il Cristianesimo. Il Daimon era una sorta di spirito guida, oggi diremmo piuttosto che l'eudaimonia consiste nell'essere in contatto con il vero sé ed essere capaci di realizzarlo nel mondo. I Greci, molto più semplicemente, per questo concetto utilizzavano un'immagine personificata, un'entità spirituale.

I cani possono diventare, per chi si vuole aprire a questo genere di conoscenza, il nostro Daimon, il nostro spirito guida, per il loro modo unico di relazionarsi, di esprimere affetti, per la sottile ed estremamente varia gamma di comunicazioni che sono in grado di adottare tra loro e con gli uomini, perché ci possono insegnare cos'è l'amore e la dedizione incondizionata, possono insegnarci l'esperienza di affidarsi totalmente all'altro, a differenza di tante persone nonostante una vita con il proprio partner.

La vita con un cane è sempre un viaggio nella propria interiorità, bisogna solo accorgersene.

Tutta questione di empatia

L'argomento è estremamente complesso, si tratta di entrare nel merito del rapporto tra uomo e cane che dura da oltre 10.000 anni. Molto si è scritto sugli aspetti riguardanti l'utilità del cane, ed è probabile che le cose all'inizio siano andate effettivamente

così, un rapporto di convenienza reciproca.

Vi sono ancora molti segni di questo legame "utilitaristico", molti cani da pastore sono considerati ancora alla stregua di un attrezzo da lavoro, per non parlare dei cani da caccia, spesso "fucilati" se non valgono abbastanza!

Ammetto di avere un forte pregiudizio verso i cacciatori e tutto l'ambiente legato alla caccia, pregiudizio dettato da una diversa sensibilità verso il mondo animale, nonché dalla mia personale condanna morale verso chi uccide, per giunta solo per divertimento.

Eppure, anche tra i cacciatori e i pastori i cani suscitano sentimenti molto variegati: ho conosciuto pastori i cui occhi brillavano quando parlavano del loro Border Collie, testimoni di un legame forse poco incline alle manifestazioni esteriori di affetto, ma di una complicità irrinunciabile.

Fa parte dei ricordi della mia infanzia un cacciatore che per giorni e giorni aveva cercato un cane perso in un burrone; ho sentito spesso racconti di caccia, gran parte di questi tradiva una forte complicità e perfino un'identificazione profonda con il proprio cane.

Nel modo di considerare il rapporto con i cani ci sono senz'altro differenze sostanziali legate alle diverse culture, basti pensare che nella cultura contadina l'accesso del cane alla casa è un tabù, mentre le famiglie di cultura metropolitana che possiedono un cane da compagnia, non solo vivono con il cane in casa, ma spesso non hanno difficoltà a condividere con lui spazi intimi come la tavola e il letto.

Ciò che fa la vera differenza nel legame con il cane, piuttosto che la cultura di provenienza, è probabilmente la capacità di ciascun individuo di avere dimestichezza con il mondo delle proprie emozioni e contestualmente di riconoscere le emozioni degli altri e comprenderle come se fossero proprie.

I cani sono maestri nel riconoscere lo stato emotivo dei loro simili e lo fanno attraverso una complessa serie di segnali, funzionali alla vita del branco e alla formazione di legami affettivi, nonché alla sopravvivenza.

Sono state studiate a fondo le capacità del branco di lupi di scambiare segnali per definire legami gerarchici all'interno del branco e funzionali alla caccia; è stata approfondita anche la capacità di scambiare segnali nel rapporto tra adulti e cuccioli, sempre per insegnare la gerarchia e preparare all'attività predatoria. Poco spazio, invece, è stato dedicato allo studio dei legami di branco non diretto all'esercizio di una funzione specifica, ma semplicemente affettiva.

La principale caratteristica del cane è quella di comunicare usando emozioni, il che lo rende così attraente per gli umani. Sappiamo quanto il cane di casa sappia leggere e interpretare correttamente il nostro stato d'animo anche prima che questo giunga alla nostra consapevolezza.

Quindi, la capacità dell'uomo di stringere un legame affettivo profondo con un cane, più che dalla comunità o dalla cultura di appartenenza, sembra dipendere dalla capacità di riconoscere e trattare le emozioni nella relazione sociale, che può essere presente in misura diversa in individui diversi. Come a dire che ci sono persone più portate di altre ad avere una relazione con i nostri amici a quattro zampe.

Lo psicologo statunitense Steven Pinker ne "Il declino della violenza" vuole dimostrare, con dati statistici, come la nostra era contemporanea sia la meno violenta di tutta la storia dell'umanità, e lega questa condizione proprio allo sviluppo dell'empatia. Le capacità empatiche secondo Pinker crescono di pari passo con l'evoluzione: in altre parole, imparare a metterci nei panni degli altri permette di usare meno la violenza per risolvere i conflitti e nelle relazioni.

I cani sono maestri nel favorire lo sviluppo dell'empatia: imparare a relazionarsi a un cane, rispettando il suo essere cane, non scambiarlo per un pupazzo di peluche, non renderlo un'ulteriore vittima (insieme ai bambini) dei forsennati ritmi di una famiglia media cittadina, non ridurlo a un mero attrezzo agricolo, favorisce lo sviluppo del rispetto dell'altro, del diverso, insegna la capacità di prendersi cura del prossimo, aiuta l'uscita dal narcisismo e dall'egocentrismo.

Guardare con gli occhi del cane

Ogni cane merita attenzione, anche quando si salva un trovatello dobbiamo assicurarci di essere in grado, fisicamente e mentalmente, di garantirgli un buon futuro, un futuro che nutra e protegga la sua mente oltre che il suo corpo.

"Vorremmo prendere un Border Collie perché abbiamo 5000 metri di terra".

Penso che la terra sia buona per piantare l'insalata, i pomodori e le zucchine. Oppure i fiori. I cani vivono per noi e devono vivere con noi. Dei 5000 metri di terra non se ne fanno nulla se non possono goderne insieme a noi.

I cani sono esseri che vanno rispettati per la loro appartenenza a una specie molto diversa dalla nostra. E noi abbiamo il dovere di imparare a conoscerli meglio.

Facciamo un semplice esempio. Scena di ordinaria follia: parco sotto casa, 7.30 di un bel mattino di primavera. Umano amorevole, ma indaffarato, con la mente alla giornata che deve iniziare, alle mille cose da fare. Il cane al guinzaglio si mette ad annusare un cespuglio d'erba, e per l'umano amorevole, ma indaffarato e distratto, non fa altro che stare con il muso basso, fisso sul nulla. Dopo 3 secondi di pazienza lo tira via, come se il cane si fermasse in quel punto per puro capriccio. Invece il cane ha sempre in testa un "perché", ha bisogno di esplorare, annusare, il suo naso è un laboratorio chimico che processa miliardi di informazioni in un secondo, gli odori sono il suo mondo, definiscono e disegnano il territorio, mentre il nostro naso è oramai "cieco".

Noi gustiamo il mondo con gli occhi, loro con il naso.

Possibile che non riusciamo a percepire una differenza così abissale? Non riusciamo nemmeno a immaginare cosa provano quando annusano, tutte le informazioni che riescono ad avere, deve essere come trovarsi di fronte a una biblioteca sterminata, di fronte a Wikipedia o Google, e vivere tutto non virtualmente ma come esperienza diretta.

Proviamo a immaginare, solo per un attimo.

Se riuscissimo a immedesimarci nel loro mondo meraviglioso, così diverso dal nostro, non vedremmo più persone annoiate e distratte che tirano via il cane mentre annusa un'aiuola, e io non sentirei più persone chiedermi un Border Collie per farlo correre da solo "così si può sfogare".

È capitato che mi chiedessero di addestrare cani grossi, in quanto aggressivi e ingovernabili. 40 chili di vivacità e tenerezza.

Cane in macchina. "Lo tiro giù?", mi chiedono subito.

"No, voglio parlare con te. Come vivi?", io gli rispondo.

Umani amorevoli, ma cani lasciati in giardino, che escono raramente, al guinzaglio. Non posso pensare ai loro occhi grati quando li faccio scendere dalla macchina, li tengo al guinzaglio e faccio con loro una semplice corsa sul prato, incuriosendoli con qualche cambio di direzione, rivolgendo loro un cenno d'intesa e complimentandomi quando mi seguono e poi, a una mia indicazione, si mettono seduti; oppure quando li contengo fisicamente, ricordando loro che non sono un pupazzo e non possono proiettarmi addosso i loro 40 chili impunemente.

Non posso pensare alla loro gratitudine per quel poco, perché mi commuovo. E mi arrabbio. Possibile, nemmeno quel poco?

"Miracolo, con te è buono, ti dà retta!".

"Ma va!?".

Cerco sempre di essere educato e tollerante, perché chi viene a consultarmi ama il suo cane e si pone dei problemi. In breve a queste persone si svela un mondo, il mondo del cane, un mondo che non sospettavano nemmeno che esistesse. In buona fede hanno sempre visto il cane dalla prospettiva di un uomo ("antropocentrismo": tutto gira intorno all'essere umano).

A volte cambiano vita e modo di vedere, a volte no e io divento inutile, in questo caso li invito gentilmente a tornare se e quando cambieranno vita.

Prima di affidare un cucciolo, una creatura nata dai miei cani, che ha respirato per la prima volta nelle mie mani ed è stata accudita da mia moglie Cristina come meglio non si potrebbe, ci penso su mille volte.

La storia del primo incontro: goffi cittadini sul prato

Cerchiamo di privilegiare gente esperta, appassionata, oppure umile e sempre appassionata, che abbia voglia di imparare il mondo dei cani, che troppi pensano di conoscere bene e che invece va rispettato come un mistero da svelare pian piano.

Cerchiamo quindi di fare una grande attenzione quando affidiamo un cane, le persone devono essere rispettose, curiose, umili, soprattutto devono essere disposte a modificare la propria vita per poter accogliere adeguatamente un essere così diverso da noi, come racconterò nel capitolo dedicato al cucciolo che arriva in casa. Dovranno avere passione e voglia di lavorare con lui, come si vedrà nel capitolo sull'addestramento.

Ora ti chiederai come ti ho scelto. Manlio, te lo dirò attraverso il racconto della prima volta che ci siamo incontrati e di quando successivamente sei venuto a prendere Elrond. Sarebbe stato possibile narrare altri incontri con belle persone alle quali abbiamo affidato i nostri cuccioli e con le quali siamo riusciti a mantenere una bella relazione, talvolta anche a distanza.

Ricordi, Manlio?

Ti aspettavamo in una bella giornata di agosto, la tua e-mail era stata molto garbata, gentile, ricca di parole che promettevano buon gusto, soprattutto avevamo lo stesso modo di vedere il Natale come festa del dono gratuito della vita e non come trionfo delle code in macchina, dei pacchetti, delle feste usa e getta. Era un buon inizio.

L'automatizzazione del mio cancello sono le mie gambe e le mie braccia, quindi inforco la bicicletta e vado ad aprire il lucchetto per farvi entrare. Vi faccio accomodare e mi trovo di fronte a una scena improbabile per il posto in cui abitiamo con i nostri cani.

Maggiolino New Beetle Cabrio nuovo fiammante, della serie "sono-così-basso-e-cittadino-che-appena-sfioro-un-sasso-mi-rompo-la-coppa-dell'olio". Chi ha visto il film d'animazione *Cars* sa cosa intendo dire. Primo pensiero: "E il trasportino per il cane dove lo mettono?".

Scendete voi, due ragazzi dal volto solare e pieno di simpatia, lei giovane e bellissima, aggraziata ma per nulla impostata. Io, vecchio orco alto e grosso, probabilmente scalzo o poco più, pantaloncini da surf, la maglietta strappata dal gioco dei cani, sudata, sporca di terra perché firmata dalle loro preziose impronte. Somiglio a un punkabbestia diversamente giovane.

Lui, tu, un volto plastico che non mantiene la stessa espressione per più di due secondi, simpatia travolgente, immaginario vivace e mancanza assoluta di un minimo senso pratico, cosa che un montanaro nota immediatamente.

Assolutamente estasiati da Aragorn e Babilù in dolce attesa dei cuccioli, andiamo a fare una passeggiata per mostrarvi come i miei Border governano il bestiame.

In pochi metri il superamento di qualche piccolo e povero

rovo e la vostra conseguente espressione disarmata da novelli avventurieri mi ha ricordato ignari partecipanti di qualche corso di sopravvivenza. Ho cercato di accudirvi e riportarvi a casa sani e salvi dalla epica avventura.

Poi avete subito l'interrogatorio di prassi, regolarmente somministrato a tutti coloro che intendono prendere un cane da noi.

Casa al terzo piano senza ascensore nel centro storico di una città antica, zero esperienza di cani. Come ci avete convinto?

Curiosità, propensione al cambiamento, voglia di apprendere e crescere come persone, bontà d'animo, sensibilità, stesse armoniche su cui suonano i temi principali della vita.

Avete prenotato il cucciolo.

Chiuso il cancello, sguardo d'intesa con mia moglie Cristina, abbiamo visto il futuro che ancora non conoscevate.

New Beetle Cabrio nuovo fiammante, sogno di una vita: VENDESI!

Casa appena ristrutturata con i mobili nuovi nel centro storico: massimo 12 mesi di vita!

New entries: automobile medio-squallor quasi monovolume per far entrare comodo uno o più trasportini, casa decentrata, senza storia, ma più vicina a zone dove il cane possa uscire liberamente.

Io e Cristina scuotiamo la testa e sorridiamo beffardi: "Il figlio di Aragorn li devasterà". Vi eravate allontanati si e no di 500 metri da casa nostra e già vi volevamo bene.

Il fatidico giorno di dicembre in cui dovevate prendere Elrond con voi c'era un nebbione da film horror.

Subito dentro casa per conoscere il demonietto, il più forte di una cucciolata forte: alle 14.30 eravamo ancora in piena fase di stallo, caratterizzata dalla sequenza "dubbio ansioso/dammi un consiglio"; quindi, stravolto, faccio scattare il mio mitico cacio e pepe, almeno che si parli seduti e a stomaco pieno.

Nel frattempo Elrond occhieggia Simona, la pregusta e le azzanna gli stivali.

Simona, buona d'animo, intenerita, emozionata e già perdutamente innamorata della malefica creatura dall'apparenza cuccioliforme, esclama: "No, no, non c'è problema, lascialo fare...".

Predicozzo su come si socializza il cucciolo, flatus vocis, dovranno fare la loro esperienza, telefoneranno e scriveranno, saremo qui ad assisterli.

Li devasterà. Così fu.

E fu cosa buona.

Caro Roberto,

ricordo bene quel giorno di agosto in cui la nostra vita è cambiata per sempre. Il fatidico colpo di scena che dà una sterzata alla storia, come in una qualsiasi sceneggiatura che si rispetti. Perché un cane, se accolto come una specifica esistenza che entra nei propri giorni, ti cambia la vita.

Ricordo il tragitto nel maggiolone fiammante e la mia espressione perplessa quando cominciamo a inerpicarci lungo i tornanti che portano a Orvinio e quindi al vostro allevamento/casa. Prima di allora, la salita più impervia che avevo fatto con quella macchina era quella del marciapiede di fronte a casa mia.

Abbiamo lo stomaco in subbuglio, un delizioso cocktail di tensione e curve assassine. Si apre il cancello di legno di Petrademone. Ad accoglierci sei tu, Roberto. Un uomo grande (nel senso di alto e prestante) che presto si rivelerà anche un grande uomo. Basta con la sviolinata, altrimenti il lettore comincerà a sentire gli zuccheri salire nel sangue.

Ci accomodiamo. I suoi Border ci rapiscono. Ho la netta sensazione che ci sia qualcosa di sbagliato nella mia vita di città, tutta cemento e traffico. E pregusto l'inizio della fine (della mia vecchia esistenza). Non lo sapevamo, ma entrando nel mondo dei cani stavamo cominciando a vedere tutto da un'altra prospettiva.

E la parola che meglio qualifica questo nuovo sguardo è "rispetto". Passando il tempo con il fiero e regale Aragorn – un capobranco vero, leader indiscusso, con una insana passione per la caviglie degli umani sconosciuti o di quelli così poco avveduti da muoversi nel suo territorio – o con la dolcissima Babilù, anche per pochi minuti, mi rendevo conto che l'unico modo che hai per entrare in contatto con un cane è rispettarlo, è imparare a misurarti con un modo di essere profondamente diverso dal tuo.

È come se atterrassi su un pianeta sconosciuto e ti mettessi a salutare le forme viventi del luogo con pacche sulla spalla e abbracci. Un mondo diverso ha diversi "usi e costumi" (come minimo) e se non tieni conto di questo rischi di fare o di subire danni. Gli alieni, ce lo dicono i film, spesso si incazzano e quando succede sono dolori.

"Rispetto" è anche quello che comincia a crescere in te per la natura. Per quello che hai intorno. Forse addirittura per la vita stessa nella sua complessa articolazione. Ma questo è un discorso lungo e avremo modo di parlarne ancora, vero Roberto? Faccio piuttosto un passo indietro. E parto dall'inizio di tutto.

Prendere un cane

Prima di qualsiasi scelta importante nella vita, bisognerebbe avere il buon senso di fermarsi un attimo, respirare e farsi una domanda, semplice e devastante allo stesso tempo. Una domanda legata a una sola parola, per certi versi infantile, ma che a mio parere è la pietra angolare dell'essere umano in quanto essere capace di intendere e razionalizzare.

La domanda è PERCHÉ?

Quante tragedie e conseguenze nefaste si sarebbero evitate nella nostra e nelle altre vite se, invece di gettarci a capofitto per una strada, ci fossimo messi in pausa per un attimo e fatti questa domanda elementare.

Prendere un cane è una di queste scelte importanti nella vita.

Il cane è uno splendido essere vivente – non farò in questo momento tutto il trattato delle sue qualità, sarebbe lungo e noioso, meglio che emergano spontaneamente dalle parole di questo libro e dalla nostra esperienza diretta con lui – che va però distinto da quello che per noi sono diventati i suoi sinonimi o parenti più prossimi, cioè: pupazzo, giocattolo, strumento da lavoro, oggetto ornamentale, guardia da borsetta, straccio da pavimento, bambino con molti peli e così via.

Il triste destino del cane da lagna

Il cane è il frutto di una scelta che andrebbe ben ponderata. Ragionata. Per mia esperienza diretta, una percentuale spaventosa di famiglie si mette un cane in casa (o peggio, in giardino) per due motivi:

1) per non sentire più la litania di figli maniaco-ossessivi che riescono a trasformarsi in tarli con un solo pensiero fisso: "voglio un cane". Quindi si prende un cane per estenuazione.

2) Perché si è "sempre avuto un cane" in casa/giardino. Non se ne può fare a meno, come del pentolame o una lavatrice. In questo caso si prende il cane per "tradizione".

In entrambi i casi non è difficile prevedere per questi cani una vita quantomeno triste.

Intorno alla mia casa, un arcipelago di villette piuttosto curate e silenziose, non c'è famiglia senza la propria propaggine canina. Su 10 abitazioni ci sono 11 cani e, credetemi, di questi ne ho visti in strada per le "ronde" fisiologiche solo uno!

E gli altri? Condannati all'esilio del giardino (i più fortunati) o del terrazzo. Sospesi in un limbo noiosissimo – per me il vero Inferno non è quello dei gironi danteschi, ma proprio questo posto innocuo che non è né carne né pesce – tra l'appartamento che gli umani non concedono e una strada piena di odori e di stimoli preclusa perché nessuna anima pia si preoccupa di farli uscire.

Eh sì, perché il bambino, attrezzato di quell'arma di distruzione di massa che è la "lagna", riesce a ottenere il cagnolino che tanto desidera. I genitori resistono per un po', ma sottovalutano il potere scartavetrante di questo piagnisteo continuo. E sono costretti a cedere con un armistizio che sembra a loro ragionevole e che salva ai propri occhi di genitori maturi la propria integrità di guardiani saggi e coscienziosi. Cosa prevede questo "documento della resa"? Sentiamo le parole del severo padre:

"Va bene, prendiamo un cucciolo, però ricordati: devi occupartene tu! Sarai tu a farlo uscire, a dargli da mangiare e a farlo giocare".

Il bambino saltella festante, pieno di buoni propositi (un po' come tutti noi il giorno di capodanno, quando promettiamo a noi stessi di cambiare finalmente stile di vita per raggiungere tutti gli scopi che ci siamo prefissati) e pronto ad accettare questa misera sfida. Che vuoi che sia, pensa il lagnoso ormai disarmato, un'uscita col "mio" cane o dar da mangiare al "mio" cane. Roba da nulla!

Stacco. Qualche mese dopo la mamma vorrebbe uccidere, nell'ordine: il cane che sporca in casa perché nessuno se ne cura, il marito che ha permesso questo scempio dimostrandosi di poco polso e infine – come lei aveva predetto neanche fosse un profeta di sventura sempre inascoltato – il figlio che, oramai stanco del giochetto, il quale ha la pessima caratteristica di avere una "propria vita" e una lista infinita di necessità, lo ha abbandonato al suo destino di pipì, cacche, abbai e altre amenità.

E allora qual è il finale di questo film che non smette mai di essere nella hit dei più visti? Il padre di famiglia si prende in carico il cane, nella migliore delle ipotesi, quando stancamente torna dal lavoro la sera, consegnandosi a una lenta passeggiata degna di un corteo funebre oppure (e questa sembra la conclusione più gettonata) il cane viene lasciato libero di sporcare nel terrazzo/giardino e lì lasciato a sognare il giorno fausto in cui finalmente potrà uscire o giocare di nuovo con i suoi amati umani.

Prima del primo cane: una vita non basta

Ricordo perfettamente il giorno in cui ho deciso di prendere un cane. Avevo sempre tenuto da me lontano questo pensiero, pur amandoli. Il motivo della mia resistenza ad accoglierlo in casa era la codardia.

Mi spiego meglio: non avevo il coraggio di far entrare nella mia vita l'idea di un distacco drammatico. Un cane ha i giorni contati (brutta l'espressione, ma voglio affrontare l'argomento senza tatto) e, pensavo, dal momento in cui lo abbracci per la prima volta, ancora un batuffolo peloso, qualcosa in te dirà che con molta probabilità gli sopravviverai.

Quella voce mi diceva: "Lascia stare, alleverai giorno dopo giorno un dolore che improvvisamente, con la sua morte, scoppierà in tutto il suo devastante potenziale. Sei pronto a una Hiroshima emotiva?".

Diversi anni prima vivevo a casa con mia zia e le mie piccole nipoti. Prendemmo un cucciolo di Barboncino Toy. Era troppo piccolo, troppo carino, troppo malato (anche se non lo sapevamo). Si chiamava Marcel. In onore di Proust, scrittore che ho sempre amato.

Era un classico "cane da lagna". Le bambine lo volevano, la madre lo comprò per loro. Io mi affezionai subito a questo piccolo essere dal pelo riccio e bianco che mi veniva in grembo mentre scrivevo al computer. Si ammalò subito. Di cimurro. E fui io a portarlo dal veterinario per l'iniezione fatale. Ero stato con lui forse un paio di settimane e mi aveva lasciato dentro un vuoto siderale, un buco nero capace di attirare dentro una pozza di dolore ogni altra mia emozione. Due settimane!

Ci sono voluti 16 anni per sconfiggere quella voce, dalla memoria lunga, che mi ricordava la sofferenza per Marcel. Mi sono deciso un giorno di agosto del 2009, per mia moglie.

Volevo darle una grande gioia. Lei ha sempre desiderato un

cane, venendo a vivere con me aveva dovuto "lasciare" la sua cagnolina Laika alla madre (l'autentica "proprietaria") e sapevo che le mancava. I cani non si sostituiscono, lo so meglio adesso, ma lo intuivo anche allora.

Non scelsi d'istinto, ma mi misi a studiare. Cominciai a valutare le possibilità, leggevo i commenti delle persone sul web, analizzavo le razze, fantasticavo su questa nuova esistenza con il cane.

Sì... perché subito mi resi conto che quando prendi un cane con consapevolezza lo fai perché dentro di te qualcosa ti segnala che "una vita non basta". La tua vita non ti basta, per quanto tu sia felice ed equilibrato. Con le dovute e importanti differenze, è lo stesso allarme che comincia a strepitare quando ti accorgi che vuoi un bambino.

Il cane e l'orrore del vuoto

È quello che succede a John Grogan (lo scrittore di *Io & Marley*) quando decide di prendere quel Labrador che cambierà la sua vita per sempre. È quello che succede a tante coppie che, prima di scegliere di avere un figlio o in totale sostituzione, prendono un cane perché noi essere umani abbiamo, chi più chi meno, un istinto primordiale ad allevare. A trasferire qualcosa di noi, a superare quell'*horror vacui* di cui parla anche Aristotele.

La "pop star" della filosofia greca antica diceva che "la natura rifugge il vuoto". Senza entrare in discorsi troppo cerebrali e intellettuali: noi abbiamo il terrore del nulla, ci coglie un panico - a volte sottile, altre volte più evidente - quando non riusciamo a dare un "senso" alle nostre vite (cosa c'è di peggio di un vuoto di senso?). Forse non è a questo che pensiamo quando ci diciamo: "Voglio un cane". Lo vogliamo, ci sembra, semplicemente perché ci piace. Ma io sono convinto che alla base di tutto ci sia esattamente questa inconscia consapevolezza che una vita (la nostra) non basta.

I cani riempiono dei vuoti. E lo fanno nella maniera più bella e naturale possibile. Qualche settimana fa passeggiavo con il mio Elrond e per strada ho trovato una signora polacca sulla cinquantina che portava a spasso la sua piccola meticcia. Incontri di cani, incontri di persone. Parlando con lei mi ha colpito molto una sua frase. Mi ha detto, con estrema lucidità e semplicità: "Ho preso questa cagnolina perché almeno c'è qualcuno che viene a salutarmi quando torno a casa".

Che cosa ci può essere di più vuoto di una casa in cui quando entri ti accoglie solo il silenzio? Di una esistenza in cui i tuoi affetti o non ci sono più o sono lontani? È in quel momento che il cane, il "tuo" cane, riporta una luce sfolgorante dentro quei giorni altrimenti opachi. Nessuno dovrebbe privarsi della possibilità di avere un cane che ti aspetta e ti fa una festa ogni volta che torni a casa.

La lista dei buoni motivi per i quali prendere un cane

E allora perché si prende un cane? Io amo le liste, le classificazioni, ordinare per punti le idee e il mondo. E allora questa è la mia lista dei buoni motivi per cui prendere un cane:

1. *Perché è un colpo di scena nella tua esistenza.* Guarderesti mai un film senza "svolte"? No! Perché sono noiosi. E allora diamola anche alla sceneggiatura della nostra vita una bella svolta che ci lancerà in una avventura bellissima.
2. *Perché ci farà conoscere nuove persone*: i cani ti aiutano anche in questo. E di solito incontri persone belle, di quelle che ti fanno venire voglia di sperare nel genere umano.

Persone che hanno abbracciato la vera tolleranza e sanno che cosa sia il rispetto. Questa è la mia esperienza personale e di molti miei amici.

3. *Perché allarga la nostra geografia, più e meglio di Google Maps.* Quando hai un cane sei portato naturalmente ad avvicinarti a luoghi che avevi sempre snobbato o di cui non conoscevi l'esistenza. Cerchi i fiumi, per far sguazzare il tuo amico peloso. Cerchi i prati, per permettergli di correre. Cerchi i boschi, per riportarlo vicino alla natura. Cerchi delle spiagge pulite che accettano i cani e così scopri luoghi di villeggiatura impensabili, perché nella difficile caccia al tesoro della "sabbia per tutti" sei costretto a fare centinaia di chilometri per raggiungere la meta.
4. *Perché quando torni, almeno uno della famiglia verrà a buttarsi tra le tue braccia*, felice del tuo ritorno come se fosse atterrato sulla Terra il nuovo Messia.
5. *Perché si avrà modo di scoprire una nuova forma d'amore*, fatta di dedizione e di fedeltà, di dipendenza e di disinteresse. E non è poco.
6. *Perché il cane è il Peter Pan che tutti i bambini dovrebbero avere come amico* e che tutti gli adulti dovrebbero prendere per esempio quando la pesantezza dell'essere diventa insostenibile.
7. *Perché con un cane al proprio fianco anche il più inutile degli uomini trova un senso.*
8. *Perché ci insegna l'essenziale.* Anche il nostro buon Sigmund Freud ne era convinto: "I cani amano gli amici e mordono i nemici, a differenza degli esseri umani, che sono incapaci di amore puro e confondono l'amore con l'odio nelle loro relazioni". E come dicono molti: a un cane non importa che tu sia ricco o povero, intelligente o meno, grasso o magro.
9. *Perché per chi non può o non vuole avere un figlio è un modo*

straordinario di occuparsi di un'altra vita e gioire della bellezza dell'allevare un eterno bambino.
10. *Per chi ha dei figli è il modo migliore per educarli al rispetto,* alla condivisione, alla tolleranza, alla diversità come valore.

Queste sono dieci ragioni, ma ce ne sono altre o forse sono alla fine tutte riconducibili a queste.

Sta di fatto che prendere un cane, che non faccia da abbellimento al salotto o che non diventi la parte finale e triste di una catena o che non venga recluso nella prigione dorata del giardino, è sempre un'esperienza capace di arricchire e in grado di dare un nuovo assetto alle famiglie, e spesso migliore.

Come scegliere il cucciolo

Caro Roberto, forse non tocca a me scrivere di questo argomento, ma avendo scelto Elrond come nostro cucciolo mi sono fatto una piccola idea del momento della scelta, specialmente per chi – inesperti come eravamo noi – si trova per la prima volta ad accogliere un cane nella propria vita.

Immaginate la scena di quell'ormai lontano fine novembre 2009 quando io e Simona arriviamo a Petrademone per scegliere il nostro Border Collie. Allegri e frementi, ma del tutto ignari che stavamo per mettere una bella croce sopra ai giorni tranquilli del nostro "ménage à deux" e stavamo per accogliere tra le braccia un demone peloso.

Quando entriamo nella "hall della cucciolata" restiamo come imbambolati davanti allo spettacolo che i nostri ingenui occhi si trovano di fronte. Chiunque sia andato o andrà a scegliere un cucciolo sa o saprà di cosa sto parlando.

Trovarsi di fronte dei piccoli cani di un mesetto circa è un'esperienza che lascia cadere le mascelle fino alle caviglie. È come vedere l'aurora boreale, però con un odore più caratteristico (sapete bene che i bisognini e tutto il resto dei piccoli non sono esattamente lo spettacolo olfattivo che sentireste in una profumeria sulla Fifth Avenue).

Davanti a tutto quel "ben di Dio" – e non dico per dire – puntare il dito verso colui o colei che riempirà la nostra esistenza per i prossimi anni non è esattamente un compito da poco. Sono tutti adorabili, con i loro squittii allegri e le andature da zombie ubriachi, con quelle testoline grandi tipo Hello Kitty e il corpo morbido come una nuvola appena disegnata da un illustratore in stato di grazia. In poche parole un cucciolo di cane è capace di mandarti in pappa il cervello.

E allora come abbiamo scelto? Come sceglie la maggior parte delle persone di fronte a questa cornucopia della felicità a quattro zampe? Si lascia trasportare dalle sensazioni, dall'istinto e mette in pausa la mente. Come spesso accade, ci si lascia scegliere piuttosto che scegliere.

Elrond viene verso di noi. Si butta tra le nostre braccia. Ci mordicchia simpaticamente. Non si scolla dalle nostre mani e dalle nostre scarpe. Eccolo, è lui!

Sì, è lui il posseduto! Perché un cucciolo che fa così – all'epoca non potevamo saperlo – è forse quello più curioso del suo piccolo branco, è quello più temerario, è quello con il predatorio più sviluppato, è quello che "sceglie", appunto. Doti sicuramente forti per un cane, ma per chi sceglierà di portarselo a casa potrebbe cominciare un periodo da ricovero d'urgenza alla neuro.

La dolce messa in scena di Elrond o, meglio, quello che noi abbiamo interpretato come una richiesta d'affetto d'insostenibile soavità, si è presto rivelata – dopo averlo portato a casa il mese successivo – una lenta discesa agli inferi dove il Satanello in capo era appunto il nostro "amabile cucciolo".

2.

Imparare a volare

I segreti dell'addestramento

> *"Impara come ogni cosa si trasforma in un'altra: acquisisci un metodo di osservazione del fenomeno, applicalo continuamente ed esercitati in quest'àmbito, perché nulla contribuisce in tale misura alla nobiltà d'animo".*
>
> — Marco Aurelio, *A se stesso*, X, 11

Caro Manlio,

addestrare il proprio cane è per l'umano un viaggio interiore verso l'amicizia, verso la scoperta della propria attitudine al lavoro di squadra, al saper mettere in discussione le proprie convinzioni radicate per scoprire altri mondi; attitudine all'osservazione di creature che sono "altro da noi", liberandoci di tutti i nostri preconcetti e le nostre proiezioni; l'essere umano nel rapporto addestrativo con il proprio cane scopre se stesso, la sua autostima, la capacità di gestire ansia, frustrazione e soddisfazione e la capacità di raggiungere obiettivi.

Si potrebbe obiettare che tutto ciò avviene in qualsiasi percorso di formazione degno di tal nome, e questa sarebbe una osservazione corretta non fosse che il rapporto con il cane funziona come amplificatore delle emozioni umane; quindi tutti i percorsi che si intraprendono con il cane sono veri e propri viaggi dell'anima, carichi di esperienze, emozioni, simboli.

Dalla capacità di osservazione e dalla scoperta dell'alterità nasce poi il rispetto per ciò che non ci appartiene e non entra nel nostro immediato orizzonte di pensiero.

Addestrare il proprio cane potrebbe essere un percorso di tutte le famiglie in cui un cane vive; significherebbe non solo "rendere destro", quindi "abile", il cane a determinate attività, ma scoprire di lui (e di noi!) degli aspetti prima sconosciuti.

Per compiere questo percorso non occorre quindi avere esigenze performative particolari, basta solo aver deciso di vivere con un cane e volerne scoprire i segreti.

L'addestratore costruisce un ponte comunicativo tra noi e il nostro cane.

È per questo che nell'addestramento esistono linee guida e non tecniche standard, non esiste il concetto di "one size fits all", ovvero una soluzione buona per tutti i casi.

Diffidate di un addestratore che non osservi il rapporto tra voi e il vostro cane ma si limiti a esibirsi in abilità circensi, invece di far crescere dentro di voi la capacità di chiedere al vostro cane qualcosa che per lui abbia un senso, e di ottenerla con amore, con complicità.

Diffidate di un addestratore che utilizzi in maniera prevalente metodi coercitivi come il collare elettrico, proibito ma usato, il collare a strangolo, non proibito e usato, l'imposizione fisica. Non occorre violentare psicologicamente e fisicamente queste splendide creature che non vedono l'ora di lavorare con noi.

Sì, lavorare, perché il lavoro crea un legame speciale che il solo amore non riesce a creare, e questo tema penso sia valido per i cani da pastore come per i cani da compagnia.

Quindi, quando inizio l'addestramento con un cane per me è come entrare in una cattedrale, lo faccio in silenzio e in punta di piedi, con lo sguardo sospeso verso il mistero, con il rispetto dovuto a ciò che è sacro. Con la mente curiosa, piena di domande, di dubbi, ma con il cuore aperto.

Sono timoroso, so di non conoscere, osservo, guardo negli occhi il cane, lo vedo interagire con il suo compagno umano o con il branco, cerco di coglierne l'espressione.

È un mistero.

Addestrare con gli occhi

Quando ho la pazienza di aspettare, la nebbia che vela il mistero inizia a diradarsi e leggo il suo corpo, le sue espressioni, inizio a capire cosa preferisce, cosa teme, cosa lo diverte, cosa lo annoia.

Poi osservo e osservo di nuovo.

Poi cammino con lui, da solo o in compagnia di uno dei miei cani, scelto tra i più accoglienti, affettuosi e affidabili. Babilù è sempre la prima a essere scelta per compiere questo lavoro. Mi batto la mano sulla coscia e cammino veloce, deciso, come se sapessi bene dove sto andando.

Lo osservo.

Talvolta la recluta a 4 zampe mi guarda con perplessità e si blocca, talvolta si distrae in cerca di odori, talvolta mi segue già con felicità. In questo modo inizia a raccontarmi una storia sulla sua vita, sulla sua identità. Non le nostre storie, spesso verbose e barocche, ma una storia raccontata al modo dei cani, semplice, concisa, essenziale ma ricca di particolari.

Soprattutto sono sicuro che non mente.

Amo i manuali perché sono rassicuranti, perché ci consentono di apprendere in maniera sistematica, soprattutto perché ci aiutano a sistematizzare e concettualizzare quello che abbiamo sperimentato quando abbiamo lavorato con alcuni istruttori cinofili, molto capaci con i cani ma poveri dal punto di vista dell' inquadramento teorico concettuale delle loro azioni.

Odio i manuali perché ti deludono sul più bello, quando

65
50
45
40
35

diventano inadeguati perché ti accorgi che i cani sono molto diversi tra loro. Non ce ne sono due che possano essere addestrati allo stesso modo, con cui si possa avere una relazione simile.

Non capisco i corsi di pochi mesi per diventare istruttore cinofilo, ovvero li capisco solo in funzione della passione di tante persone e della concomitante fame di lavoro.

Occorrono anni e anni per imparare a osservare e per riuscire a fare da tramite tra il cane e il suo umano.

Speriamo che chi si accosta a questo lavoro lo faccia con estrema umiltà e che abbia voglia di osservare, di ascoltare, di imparare da tutti, uomini e cani.

La magia del rapporto

Manlio, "il rapporto è fondamentale": quante volte me l'hai sentito ripetere? Non importa a che età si inizia l'addestramento, purché avvenga dopo che il cane abbia superato la sua vita da cucciolo, non un giorno prima.

Non c'è una regola, purtroppo. Anche in questo caso purtroppo, i manuali manifestano molti limiti.

Ci sono cani che richiedono da subito qualcosa che faccia spremere loro le meningi su un problema da risolvere, che chiedono di iniziare a lavorare.

Altri sono più propensi al gioco oppure un po' più timidi, allora bisognerà iniziare più tardi, quando il cane avrà abbastanza autostima per sopportare le piccole e inevitabili frustrazioni legate a qualsiasi percorso di apprendimento, anche se attuato con il "metodo gentile".

Non sto parlando di punizioni, escludo a priori che si possa ancora adottare un metodo di addestramento che preveda punizioni o costrizioni, anche se purtroppo so che avviene ancora.

Il cane è perfettamente in grado di differenziare gioco e lavoro, proprio come noi. Il lavoro può essere supportato da elementi ludici, può essere divertente, anzi, è auspicabile che lo sia, ma ogni percorso di apprendimento è fatto anche di metodo, disciplina e sistematicità. Come per noi. Un conto è leggere, un altro conto è studiare: sappiamo che lo stesso libro va affrontato in modo diverso.

Tutti i manuali affrontano quest'argomento partendo dall'esempio di un comportamento semplice, come fare il "seduto".

Il "seduto" è un comportamento che il cane è in grado di apprendere in pochi minuti, lo rende rapidamente soddisfatto; ma non quanto l'esecuzione di complesse catene comportamentali. È lì che finalmente leggo la soddisfazione negli occhi dei cani, la gratitudine per aver lavorato insieme ed essere riusciti a ottenere qualcosa che entrambi desideravamo.

I cani possono scegliere, esistono cani generosi, altri meno. Per *cane generoso* intendo quelli come i miei Banshee e Bardo, che provano e riprovano, con impeto, senza stancarsi, cercando la mossa giusta senza cedere un solo frammento dell'impeto agonistico, cani che in 10/15 minuti di allenamento danno tutta la loro anima per cercare di capire, di far bene.

In questi casi cerco di essere alla loro altezza, di sostenere il loro sforzo, impegnandomi fino allo spasimo per dare le indicazioni giuste e in tempo, per muovere il mio corpo con armonia e fluidità, per sostenerli sempre, soprattutto quando sbagliano, incoraggiandoli a fare meglio, a fare di più, esplodendo con gioia per una sequenza comportamentale eseguita bene, non solo una pallina lanciata stancamente, o del cibo dato al cane come se fosse un impiegato sicuro di ricevere il suo stipendio al 27 del mese, ma gioia, gioia sul mio volto, gioia urlata, gioia ululata.

Con Beo cerchiamo sempre la stessa tonalità per ululare, farlo insieme sulla stessa armonica lo rende più bello.

Permettere a Banshee di masticare la sua treccia vicino alla mia bocca con qualche morsetto, accessorio di affetto e di eccitazione, e per un attimo prestarle i mie quasi due metri di altezza per vedere il modo da lassù.

Bardo che si mette a tirare la treccia di corda come un forsennato, poi salta sulle mie spalle agganciandosi con gli speroni e lasciandomi il più delle volte un affettuoso segno, poi mi fa il grooming con la sua lingua rasposa e si diverte a saltare giù a zampe pari da due metri di altezza.

Il loro papà Aragorn, quando vede che la mia maglietta vola via per esprimere tutta la mia felicità, come un calciatore che abbia appena realizzato il goal della vita, estate o inverno che sia, allenamento o gara che sia, sa di aver fatto le cose veramente per bene e corre con me, per me. Ogni tanto mi chiede di saltare su di me, si appende con le sue zampe forti e vedo che il suo sguardo mi oltrepassa per guardarsi intorno, sopra la mia testa.

Si corre e ci si guarda, soddisfatti, ci amiamo ma ci stimiamo anche. Sappiamo di aver scosso le nostre anime con un vento antico, il vento che ha portato uomo e cane a condividere la strada della vita.

Questo vento è nato sul lavoro, sulla necessità di nutrirsi, sullo sfruttare al meglio le opportunità fornite dall'altra specie.

Su questo vento, biologico, evolutivo, si è innestato un amore indissolubile.

Il lavoro nobilita il cane

Il miglior rapporto che si possa avere con il cane è attraverso il lavoro.

Non aspettiamo di avere un Border Collie per provare questa sensazione meravigliosa, proviamo anche con il Carlino, con il Chihuahua, con il meticcio raccolto per strada, anche loro sono nati per lavorare con noi, trattiamoli da cani e celebriamo quest'antico mistero della comunione delle nostre specie, e potremmo avere sorprese meravigliose.

Però dobbiamo avere pazienza, tanta pazienza. È come un investimento: non dobbiamo pretendere di guadagnare subito, ma con il tempo tutto ciò che investiremo nel lavoro con il nostro cane sarà abbondantemente ripagato. Dai 1 e dal tuo cane otterrai 10, ma quell'uno lo devi dare, altrimenti saranno guai, per te e per il tuo cane.

Non c'è nulla di più bello di vedere un cane che si incuriosisce e si sforza di capire come risolvere un problema, come quando gli chiedo di girare intorno all'antina di un ostacolo di agility che nell'esercizio precedente non c'era, oppure non premio più un comportamento consolidato come farmi toccare la mano perché voglio premiare il cane solo quando arriva con velocità e impeto, favorendo così la forza e la velocità di esecuzione. Altre volte posso usare lo stesso sistema perché desidero rinforzare la precisione di un comportamento già acquisito.

Il cane fa tentativi, non viene premiato, ma incoraggiato a continuare con la mia voce e con il mio corpo, si sforza, prova e riprova, poi mette in atto una strategia mentale che gli consente di individuare il comportamento richiesto e viene premiato con grande gioia reciproca, nei suoi occhi si legge soddisfazione, autostima, è un'ottima terapia per cani un po' timidi!

Certo, non bisogna mai arrivare a mettere il cane in condizione di superare quell'ottimale livello di stress che gli consente, come accade a noi, di ottimizzare la prestazione. Anche in questo caso i manuali non servono, perché bisogna osservare il cane e chiedergli immediatamente un comportamento che sa mettere in atto, un attimo prima che mostri segni di stanchezza e stress legati alla frustrazione di non riuscire.

Come si indovina quel momento? Osservando il cane: i cani parlano con il loro corpo e con la loro espressione, le orecchie vanno indietro, il labbro si tende, si distraggono, iniziano a mangiare erba, sbadigliano. Questi sono già segnali di stress, è importante riuscire a tornare indietro un attimo prima, chiedendogli una performance che sicuramente sa realizzare per poterlo premiare.

Se faremo in questo modo, rispettando il nostro cane, anteponendo l'amore alla pretesa, vedremo che, sorprendentemente, il giorno dopo realizzerà il compito richiesto come se non avesse mai fatto altro nella vita.

Il problema del portatore (in)sano... di würstel

Cerco soltanto di porre le condizioni perché il cane attui un certo comportamento. Se, per esempio, gli devo insegnare il "seduto", attiro la sua attenzione con un bocconcino e glielo alzo sul naso facendogli sollevare la testa: se il cane rampa verso di me poggiandosi sulle zampe posteriori levo il boccone, se indietreggia e si mette seduto lo premio. Solo quando il cane ha assimilato il comportamento introduco un segnale verbale. Un segnale, non un comando!

Il segnale verbale costituirà solo un "via libera" per il comportamento desiderato.

È indispensabile che il bocconcino sparisca nel minor tempo possibile. Il cane deve lavorare con noi, per noi, non per il cibo. Vedo molti conduttori vivere perennemente con una sacchetta di würstel di pollo attaccata alla cintura, e ogni volta che devono interagire con il loro cane estraggono un bocconcino. Sono più dei *corruttori* che dei *conduttori*.

Per il cane, la pallina o il cibo sono mezzi, non fini; il fine è lavorare, predare, cacciare, riprodurre comportamenti, essere attivi.

Silver Shadow, la mia piccola blu, ricorda questo concetto, fondamentale anche per gli umani, dal momento che tante volte trascura di prendere il premio in cibo per andare subito a ripetere il comportamento da performare.

Nell'insegnamento di una catena comportamentale, poter realizzare il comportamento successivo è il premio per aver realizzato il precedente.

L'uomo tende a costruire e accumulare denaro anche se non ne ha bisogno, cerca il potere per il gusto del potere, si butta da un ponte attaccato a un elastico anche se questa prova di coraggio non serve a nessuno. Il sistema di ricerca, quello che ci tiene attivi e vigili, che consentiva ai nostri progenitori primitivi di individuare le risorse alimentari e i luoghi in cui vivere più protetti, risiede in strutture cerebrali e usa neurotrasmettitori diversi dal sistema del piacere. Per noi la sazietà non basta, dobbiamo essere attivi, e così per i cani.

Non si sa perché i nostri cani siano invece riempiti di cibo, di coccole e non vengano nutriti con il cibo dell'anima che li rende cani attivi, performanti, che consiste nel risolvere problemi per vivere, come un padre o una madre di famiglia che devono uscire al mattino per andare a lavorare o per procurarsi il lavoro necessario alla sussistenza e alla pienezza della propria identità.

Noi lavoriamo 12 ore al giorno anche se non serve, mentre il nostro cane è grasso, depresso e spesso abbandonato in giardino senza stimoli, senza pensare, senza guadagnarsi il cibo.

I miei cani si guadagnano il cibo, si guadagnano la mia stima e per questo sono felici, anche più che per le coccole, che pure non mancano.

E se ti salutassi con un ceffone? Problemi di comunicazione

Per vivere con il cane e farlo lavorare con noi e per noi, occorre conoscere il linguaggio del corpo, individuare cosa loro esprimono e cosa noi esprimiamo, spesso al di là della nostra consapevolezza e intenzionalità.

Spesso incontro persone che non si rendono conto di mandare al cane un messaggio fuorviante.

Inchinarsi sul cane parlando a voce alta, anche dicendo "quanto sei bello", tendere una mano sopra la sua testa e accarezzarlo sono segnali di minaccia, come se, incrociando una persona sul marciapiede ci ponessimo di fronte a lui con il petto gonfio, la testa leggermente protesa in avanti e le braccia indietro pronte a scattare. A Roma diremmo "una posa da coatto".

Rissa certa.

Spesso non sappiamo parlare con i cani, ma abbiamo la pretesa di comunicare con loro.

Quando lo dobbiamo chiamare ripetiamo mille volte il suo nome; se fosse un bambino forse lo imparerebbe, sia pur in maniera noiosa; invece è un cane, che si sta facendo l'idea che siamo bizzarri esseri viventi bipedi che amano emettere tanti suoni ripetitivi senza significato.

Gli sembriamo idioti e poco attendibili, ma i cani sono sempre compassionevoli nei nostri confronti e cercano di minimizzare, sul momento, la perdita di stima verso di noi, al massimo si mostrano indifferenti al nostro *flatus vocis* ("emissione della voce", per i non amanti delle lingue morte). Salvo poi attuare comportamenti dominanti come ringhiare quando gli si chiede di scendere dal nostro letto. Gli atteggiamenti sbagliati con il cane, nella maggior parte dei casi non si pagano immediatamente, ma solo in un secondo tempo.

È insopportabile vedere umani che durante l'addestramento

sbuffano e si alterano per una performance che non riesce, il più delle volte per colpa loro. Il cane prende questi segnali di insoddisfazione, chiaramente visibili attraverso la comunicazione corporea, come una punizione: queste creature sono tanto sensibili all'entusiasmo quanto alle manifestazioni di disappunto.

Questo errore, comune a molti umani un po' pretenziosi e frettolosi, mi è insopportabile perché l'ho commesso anch'io per molto tempo, e spero di non ripeterlo mai più.

È difficile liberarsi dal perfezionismo che, nel linguaggio corporeo, si traduce in rigidità, bocca con gli angoli all'ingiù, occhi rivolti al cielo imprecando, pur silenziosamente. Anche se in quel momento ce la stiamo prendendo con noi stessi, riconoscendo i nostri errori, il cane penserà di esserne il responsabile. Non comprende perché il nostro corpo sia diventato refrattario e avvertirà ostilità nell'aria.

Gli stessi effetti negativi possono essere prodotti anche da una grande passionalità, che porta a movimenti scomposti difficilmente interpretabili dal cane.

Le ragioni di un cane

Abbiamo visto che il cane deve essere motivato e che ci sono molti canali per farlo: treccia di corda e palla lavorano sull'istinto predatorio, cha va subito sollecitato nel cucciolo e correttamente indirizzato su un gioco da catturare e mordere, altrimenti le nostre mani, caviglie e scarpe saranno oggetto del suo desiderio di sbranare. Dobbiamo sempre ricordare che i cani sono carnivori predatori, non pupazzi di peluche.

Un istinto predatorio forte, espresso dal cucciolo, e ben canalizzato verso oggetti di cui noi conserveremo la proprietà (quindi non lasciati sempre a disposizione del cane, se non nei primi tre mesi), sarà lo strumento principale per un buon addestramento, per un buon lavoro e per una buona vita insieme.

L'istinto predatorio non è identico all'istinto di sopravvivenza: con il "predatorio" il cane caccia, con l'istinto di sopravvivenza si alimenta. Quando lavoriamo con il cibo agiamo sull'istinto di sopravvivenza: se il cane vuole sopravvivere e nutrirsi, dovrà, per esempio, rimanere fermo seduto a 2 metri dalla sua ciotola fino a che noi non daremo il consenso ad andare sul cibo. In natura, se i lupi non subordinassero i loro comportamenti a una logica precisa non potrebbero nutrirsi e sopravvivere.

Per aiutare il cane a realizzare ciò che noi desideriamo, possiamo basarci su: motivazioni predatorie, istinto di sopravvivenza, tendenza alla performance, ragioni ludiche e inclinazioni affettive.

Per ciascun cane dovremo cercare di realizzare un sapiente mix di tutte queste motivazioni, anche se ogni cane ha le sue "ragioni" preferenziali rispetto agli altri. È importante che tutti i canali motivazionali siano sollecitati affinché il cane venga abituato a rispondere su più livelli: avremo così molti strumenti a disposizione per lavorare con lui.

Quando invece perseguiamo la precisione della risposta del nostro cane, per pignoleria oppure perché effettivamente necessario – come quando il cane deve schiacciare un interruttore al posto di un disabile o deve eseguire in autonomia le entrate dello slalom in agility dog – dobbiamo stare attenti a non sottoporlo a stress. Infinite ripetizioni e un programma di shaping troppo ossessivo annoiano a morte il cane e, devo ammetterlo, anche me!

Caro Roberto,

non è facile imparare a volare. Specialmente per chi ha sempre avuto i piedi ben ancorati al terreno e non ha mai sollevato la testa per vedere cosa si muove sopra. Fuor di metafora: è difficile riuscire a entrare in comunicazione con un altro mondo, con altri esseri, con un modo diverso di stare al Mondo.

Segnali da un altro pianeta

Tu ricordi bene i primi "nostri" tempi con Elrond: l'enorme difficoltà di avere a casa un "alieno" che tu ami con ogni cellula del tuo corpo, ma che spesso ti appare estraneo e incomprensibile. I cani, anche e specialmente da cuccioli, sono un pianeta nuovo la cui mappa precisa non è stata approntata ancora da nessuno: puoi avere delle tracce (i principi che si studiano sui tuoi "amati/odiati" manuali e parlando con gli esperti), ma toccherà a te disegnarla nella vita quotidiana con lui.

Io ho avuto per lungo tempo un blog (*La mia vita con Elrond*), nel quale appuntavo quasi quotidianamente le nostre (dis)avventure con il piccolo Border Collie che ci era piombato in casa. E spesso i tragicomici eventi erano il frutto proprio dello scarto di comunicazione tra i nostri due diversi mondi.

Ecco quello che scrivevo a dieci giorni dal suo arrivo:

"Oggi ancora un po' di tensione in casa, perché non sempre riusciamo a essere pazienti. Certo non urliamo e sbraitiamo. Certo non alziamo mai le mani sul nostro cucciolo, ci mancherebbe altro. Ma io e Simona ci guardiamo costernati vedendolo così sovraeccitato e pronto a mordere di continuo.

Siamo incapaci di capire il suo linguaggio. Ci sono segni di ansia? Segni di stress? Perché strappa una delle sue traversine nervosamente (quella che non usa per i suoi bisogni)? Perché morde gli angoli del divano con versi da matto e movimenti da contorsionista? Solo voglia di fare un po' di trambusto infantile o nasconde altro? Dovremmo tenerlo sempre occupato o dobbiamo lasciarlo fare? Giochiamo spesso a tirargli la pallina così che la riprenda: è possibile che si annoi anche di questo? Tutte domande che è normale porsi quando si ha il tuo primo cucciolo e ci sono tante aspettative".

Rimedi "made in Google"

Mi chiedo, caro Roberto, quante persone che hai conosciuto nella tua lunga esperienza cinofila hanno vissuto questo stesso disorientamento e queste forti preoccupazioni? Io credo molte, specialmente coloro che erano, o sono, al primo cane.

Il rimedio? Di questi tempi si corre subito su internet: il rifugio sicuro a cui ogni domanda trova una risposta (spesso sbagliata). Noi lo abbiamo fatto così spesso che avevo finito per imparare anche il cirillico e alcune lingue morte pur di spulciarmi ogni forum possibile sul Border Collie e la gestione del cucciolo.

E via con libri su libri. Sul mio scaffale dove prima trionfavano i classici russi, il surrealismo contemporaneo degli autori giapponesi e gli intramontabili francesi *fin de siècle*, adesso c'è tutto un caleidoscopio di code, occhioni da cucciolo, guinzagli e gente che sussurra o grida o parla alle orecchie dei cani!

Ancora spunti dal blog di allora.

"Seguendo i consigli di alcuni amici più esperti di noi e la lettura di qualche manuale miracoloso, io e Simona abbiamo impostato il momento del cibo come palestra dove esercitare la leadership: prima di dargli la scodella con la sua pappa, abbiamo finto di prendere "quel" cibo per noi (visto l'odore che si sprigiona dai quei croccantini non lo farei nemmeno se vittima della più atroce carestia!) e ne abbiamo mangiato (in verità era del gustoso würstel di pollo). Dopo averlo fatto sedere abbiamo messo la scodella nel trasportino, che sta diventando il nostro più prezioso alleato per gestire un cucciolo sempre più scatenato.

Ma se anche proviamo con tutta la nostra buona volontà a mettere in pratica ogni suggerimento, non vediamo tanti miglioramenti. Elrond è sempre inquieto. Gioca per un po' (per esempio con uno straccetto o con la treccia corta), poi però preferisce il divano. Noi non lo abbiamo mai incoraggiato a morderlo. Fin dal primo momento le abbiamo provate tutte: dal distrarlo, al No! secco, fino al prenderlo e strattonarlo per la collottola.

È successo anche stasera. Lui va a mordere il divano io lo distraggo con un osso di gomma. Bene, si distrae. Arriva, dà due piccoli morsi al giocattolo e via di nuovo alla spugna del divano, come se fosse un magnete per i suoi denti di ferro!

Simona va lì per giocarci, tenta di fare qualcosa con lui, ma ecco che dopo un po' gli viene voglia di mordere piedi, calzini e tutto ciò che riguarda il corpo umano! Anche in questo caso non abbiamo mai incoraggiato il morso, io non ho mai (nemmeno una volta) giocato alla lotta con lui, non gli ho mai permesso di mordermi senza ribellarmi con un No! o andando via. Non ho mai sorriso a questo atteggiamento, che addirittura mi spaventa.

In più stiamo mettendo in pratica questi suggerimenti:

a) *stiamo fermi*: lui si accanisce con maggior forza sui piedi e altre parti del corpo, ringhiando e con accenni di abbaio
b) *gridiamo "ahia!"*: del tutto indifferente. Anzi forse ci prova ancora più gusto
c) *un No! secco*: vedi sopra
d) *lo prendiamo per la collottola allontanandolo*: ritorna ancora più inferocito.

Addestrarsi a osservare

A rileggere queste parole – a distanza di tre anni – adesso sorrido e mi sembra che il cane che in questo momento sta dormendo tra i miei piedi non sia lo stesso cucciolo che ci stava facendo impazzire in quel gelido inverno del 2010.

Il mio è un messaggio consolatorio. Tranquilli, poi passa. Certo, anche perché il cucciolo diventa adulto, ma la verità è che il vostro "alieno" si tramuta in un compagno fedele e capace di renderti felice solo quando entri veramente in contatto con lui, quando cominci a osservarlo davvero, come tu ci hai sempre detto saggiamente, Roberto. E osservarlo non significa pedinarlo, oppure fissarlo come se tu fossi un maniaco e lui l'oggetto del desiderio. Osservarlo significa sforzarti di capire il suo linguaggio privo di parole, così come lui si prodiga con enorme fatica a tradurre i tuoi comandi a ripetizione e la tua lingua a raffica per cercare di entrare in contatto con te.

Osservarlo significa capirne la sua specificità come appartenente a una razza, ma ancor di più come essere individuale, come "unico" irripetibile. L'addestramento comincia, in base alla mia esperienza, proprio da noi stessi e non dall'apprendere i comandi base e la teoria della leadership, del capobranco, della dominanza e così via.

Pensavo fosse amore invece era...

Le cose cambiano e vanno meglio quando si fa un po' di chiarezza su certi principi che noi, come essere umani, finiamo erroneamente per affibbiare al mondo canino. Come il concetto di "amore", per esempio.

Noi pensiamo che dare meno coccole al cane, fargli meno feste, dargli meno cibo dalla tavola su cui stiamo cenando, assecondare meno le sue richieste rischi di farci diventare ai suoi occhi meno "amabili". Pensiamo: se ora torno a casa e non lo coccolo non mi vorrà più bene! Lui è lì che saltella e che mi porta ogni gioco a sua disposizione, ogni pantofola lasciata ai bordi del letto, ogni oggetto vagamente trasportabile e io che faccio: ignoro la sua gioia e penso ai fatti miei?! Orribile. Che brutto essere umano sono! Se faccio così non mi amerà più!

Se lo faccio entrare nel trasportino/cuccia/kennel e lo lascio lì due ore mentre esco di casa, mi odierà per sempre.

Se quando sono a tavola lui mi guarda con quegli occhioni tristi - trapiantati direttamente da un orfanello dickensiano che sta per morire di stenti – e io lo ignoro mangiando il mio cibo senza dargli nulla, il suo amore per me alla lunga scemerà fino a dissolversi.

Sbagliato. Sbagliato. Sbagliato.

Il nostro concetto umano di amore non è nemmeno lontanamente applicabile al sentimento che un cane nutre nei nostri confronti. Non è una questione di quantità o di qualità. Quello che ci lega a un cane è *un'altra cosa* e ha dinamiche differenti dai rapporti sentimentali caratteristici della nostra specie.

Ma resta indubbio che noi, i nostri cani li amiamo! Facciamo solo sì che questo amore non diventi troppo e controproducente. Io mi sforzo quotidianamente di amare il mio Elrond attraverso la comprensione e il rispetto del suo essere cane. E devo ammettere che non solo se ne è avvantaggiato il nostro rapporto, ma anche la sua "gestione" (passami il termine, Roberto).

3.

Incontri ravvicinati del piccolo tipo

Il cucciolo entra nella nuova casa

Caro Manlio,

una delle domande che mi sento rivolgere più di frequente quando abbiamo una nuova cucciolata è: "Come fate a darli via? Io li terrei tutti...", cercando di farti passare per una sorta di Crudelia Demon oppure per un macho insensibile ai richiami di quei dolci frugoletti.

È dura.

Mi aiuto con i pensieri.

Programmati per farti innamorare

Un pensiero bio-etologico mi dice che quando i cuccioli cominciano a interagire significativamente con l'ambiente e con noi, ovvero intorno ai 25/40 giorni, il loro istinto di sopravvivenza fa in modo di attivare le strutture del nostro sistema di attaccamento. In altre parole, ti guardano, ti cercano e ti amano tentando di assicurarsi un posto nella tua vita.

Ci riescono.

In questo sono maledettamente bravi.

Li sogni, li ami, non vedi l'ora di vederli la mattina appena sveglio, ci giochi, diventano oggetto delle tue fantasie.

Ti penetrano il cuore con la precisione di un laser chirurgico.

Nel seguire da vicino l'attività di mia moglie, allevatrice di Border Collie, osservo sempre accuratamente le famiglie che chiedono di adottare uno dei nostri cuccioli. È molto chiaro che già proiettano sul cane un potente sistema di aspettative, idee, immagini e rappresentazioni, costituito da emozioni che gli danno forza e da pensieri che gli danno forma.

Non sempre è chiaro di che tipo di rappresentazioni e di quali emozioni si tratti, ma è chiaro che ci sono, sin dai primi contatti per email o per telefono. Quando avviene l'incontro tra questo sistema di rappresentazioni e il cucciolo, si mette poi in moto il sistema di attaccamento per il quale siamo portati ad accudire quell'essere inerme e tondeggiante (queste sono le caratteristiche fisiche che fanno scattare biologicamente il senso dell'accudimento).

Il risultato è un abbassamento della soglia del giudizio critico, che rende necessarie importanti misure etiche nell'allevatore. A quel punto molte delle famiglie che vogliono adottare il cane non guardano più i pedigree, non prestano attenzione alla scelta fatta dall'allevatore rispetto alle linee di sangue, non chiedono e non guardano i controlli sanitari, tranne che gli aspiranti all'adozione non abbiano già anni di pratica nel mondo cinofilo e stiano attuando una scelta mirata.

Spesso ci troviamo di fronte persone che, affascinate dall'incontro delle proprie rappresentazioni con una creatura meravigliosa da accudire, in un turbinio di emozioni abbassano inevitabilmente la soglia della vigilanza. Questo spiega perché si possano ancora vendere cuccioli importati clandestinamente dai paesi dell'Est, cuccioli acquistati da negozi o da allevatori che non hanno pratica di quella razza, cuccioli acquistati a poco prezzo da privati, pur in buona fede, ma privi della necessaria esperienza per incrociare adeguatamente linee di sangue e che spesso non investono sui controlli sanitari dato che si tratta di una cucciolata occasionale!

Quando vediamo il cucciolo scatta "l'effetto canile" e vorremmo portarlo via a tutti i costi; un buon allevatore vi farà riflettere e cercherà di riportarvi alla razionalità, non sarà un "venditore" ma un consulente.

Quando un cane "viene al mondo", cioè arriva nella famiglia che sarà il suo branco, si troverà in un contesto inevitabilmente connotato da emozioni e rappresentazioni "umane, troppo umane", per parafrasare Nietzsche.

Anche nella scelta dell'esemplare all'interno della cucciolata queste rappresentazioni sono attive, e la indirizzano verso quel particolare cucciolo che incarna al meglio le fantasie; l'allevatore ingaggerà a quel punto un confronto sereno con la famiglia e cercherà di razionalizzare la scelta, indirizzandola verso il cucciolo che presenta caratteristiche di temperamento, tempra, attrazione sociale, dominanza e predatorio che meglio si adattano a quella famiglia, all'eventuale tipo di lavoro che il cane dovrà svolgere, alla persona con cui il cane lavorerà.

Manlio, mi limito in questo caso a dare definizioni sommarie, rimandando ai numerosi manuali esistenti per una trattazione completa.

Come scegliere un cucciolo: guarda la sua carta d'identità

Temperamento: deriva dal latino temperare, ovvero mescolare, e si riferisce alla *mescolanza degli aspetti innati della personalità*. Per fare un esempio, si dice, a giusta ragione, che il Border Collie sia una razza dal temperamento sensibile, che quando si ha a che fare con questa razza bisogna conoscere l'intensità, la frequenza e la soglia delle sue risposte sul piano emotivo e affettivo; è un cane che tende a un'attivazione emozionale frequente e intensa e basta pochissimo ad attivare una sua risposta emotiva. In altre parole, basta un piccolo cenno per trovarsi sommersi di salti e leccatine oppure per vedere un cane ritirarsi mogio nella cuccia, solo perché abbiamo alzato la mano.

Tempra: È il processo attraverso il quale un metallo viene prima riscaldato a una temperatura appena inferiore a quella di fusione, poi raffreddato rapidamente per cambiarne le proprietà meccaniche in favore di una maggiore durezza e resistenza. Attraverso una metafora utilizziamo lo stesso termine per indicare la capacità innata di un cane di sopportare condizioni potenzialmente stressanti, come la richiesta di nuove abilità da performare oppure un'imposizione autorevole da parte del conduttore.

Va distinta dal temperamento, in quanto anche un cane molto sensibile ma con forte motivazione al lavoro può presentare una tempra che gli consente di sopportare l'inevitabile eustress dovuto all'allenamento. Anche qui l'esempio tipico è rappresentato da un Border Collie come Morrigan, tenera, sensibile e riservata, che nel branco ha stretto amicizia solo con la sorellina acquisita Babilù. La madre Morgana ancora mostra visibili segni di affetto verso gli altri due figli Beowulf e Danann, mai verso di lei. È dolce e riservata. Tuttavia, quando si trova a governare il bestiame, non ha paura nemmeno di infilarsi tra gli zoccoli dei cavalli semibradi per indurli a spostarsi dove vuole lei, sopportando forti richiami e comandi da parte mia per i cambi di direzione che, in altra condizione, la manderebbero sparata a rifugiarsi nelle sua cuccia.

Attrazione sociale: Verifichiamo l'attrazione sociale in maniera molto semplice: nell'ambito della cucciolata, quando i cagnolini sono impegnati a giocare tra di loro, ci mettiamo accovacciati e cerchiamo di catturarne l'attenzione con un suono acuto e accattivante, poi osserviamo quale dei cuccioli arriva per primo: quel cucciolo sarà maggiormente attratto dall'uomo rispetto ad altri con una personalità più indipendente. L'attrazione sociale, unita a un buon predatorio, è la principale condizione per l'addestrabilità.

All'interno della cucciolata è da preferire un cane con una buona attrazione sociale se l'obiettivo è lavorare o fare sport, o semplicemente vivere, perché sarà un cane portato a seguire le indicazioni del conduttore. Cani più indipendenti costituiscono una sfida, e sono destinati a persone esperte oppure che abbiano tempo e voglia di investire nell'addestramento.

Anche in questo caso le rappresentazioni del sé, proiettate sul cane, potrebbero determinare una scelta non efficace dal punto di vista cinofilo: quante volte ho sentito dire: "A me piace il cane indipendente..."; quale che sia il motivo di questo piacere, è sempre legato a rappresentazioni fantasmatiche del sé umano in rapporto agli altri. Per esempio, una persona che avrebbe sempre voluto realizzare la propria indipendenza nella vita, senza riuscirci, potrebbe inconsapevolmente compensare questo fallimento con l'aspettativa di un cane "indipendente"! Tutto ciò in realtà ha poco a che fare con una corretta ed equilibrata scelta del cane che, se guidata da fantasie personali, potrebbe rivelarsi fallimentare o molto impegnativa.

Dominanza: Il cane condivide il 100% del Dna con il lupo e quindi è un animale di branco. Per condurre una vita mentalmente equilibrata è fondamentale che ogni membro conosca la sua collocazione nella gerarchia del branco: ogni incertezza a tal proposito è fonte di distress per il cane.

Ogni cane ha delle caratteristiche geneticamente determinate che lo collocano in un punto preciso nella scala, che va da dominante a sottomesso. È quindi opportuno che la scelta sia consapevole delle conseguenze del condividere la vita con un cane più o meno dominante: persone e famiglie in cui domina il tema dell'attaccamento e del legame affettivo, talvolta a sfondo ansioso, potrebbero avere difficoltà con un cane dominante perché prevarrebbe il codice "materno" sul codice "paterno", ovvero si tenderebbe ad accudire il cane prevalentemente come creatura tenera e infantile da proteggere, quando invece sarebbe necessario dettare regole chiare e offrire al cane un contesto di vita comprensibile anche nel linguaggio canino: non solo affetto e coccole ma anche regole e lavoro.

Il legame ansioso è deleterio anche per un cane non dominante. Frequentemente si tenderà, senza volerlo, a rinforzare le paure, quando per esempio si coccola e consola il cane come se fosse un bambino, durante un temporale che lo spaventa. Quando il cane ha paura di qualcosa, dobbiamo ostentare indifferenza e operare quindi una "desensibilizzazione", esponendolo per gradi allo stimolo ansiogeno e rimanendo indifferenti alle sue risposte negative e di evitamento, rinforzando le risposte positive e i segnali di sicurezza. La desensibilizzazione potrà funzionare se l'umano per primo non è spaventato o commosso dalla paura del cane.

Predatorio: Anche l'istinto predatorio fa parte della dotazione genetica di ciascun cane; esso è molto diverso per intensità tra le differenti razze canine; pensiamo ai cani da pastore, tutti dotati di un forte istinto predatorio, e alle razze esclusivamente da compagnia come il Carlino, in cui perfino le caratteristiche morfologiche cercate dall'uomo attraversi i vari incroci, ci raccontano di una sparizione dell'istinto predatorio: le forme arrotondate e una bocca meno adatta a mordere ricordano più le fattezze di un eterno cucciolo da accudire piuttosto che di un predatore compagno di giochi.

Scegliere un cucciolo di una razza particolarmente dotata di un forte istinto predatorio significa disporre di un compagno di giochi e di lavoro ineguagliabile, solo se però desideriamo dal nostro cane un forte impegno e un eccitante dinamismo. Il predatorio è la base per l'addestrabilità e quindi per il rapporto, possibilmente accompagnato da una forte attrazione sociale a da un intermedio livello di dominanza. Evidentemente un cucciolo che si presenti con un forte predatorio, dominante e con scarsa attrazione sociale è destinato unicamente a mani molto esperte.

Che razza d'attore

Attraverso una consulenza etologico comportamentale che orienti la famiglia alla scelta, nel nostro allevamento cerchiamo sempre la miglior corrispondenza possibile tra le caratteristiche della razza, di quella specifica cucciolata e di quel particolare cucciolo, e indole, composizione della famiglia, proiezioni di desiderio verso il cane, attività a cui il cane è destinato, abitudini di vita, luogo in cui i futuri compagni umani abitano.

Le caratteristiche della razza devono essere ben conosciute dall'allevatore, che spesso deve confrontarsi con ciò che rappresenta quella particolare razza nell'immaginario collettivo.

Conosciamo bene il peso dei media nella formazione dell'immaginario: negli anni '50 e '60 del secolo scorso i Pastori Tedeschi e i Collie venivano immaginati come Rin Tin Tin e Lassie, protagonisti dei rispettivi telefilm; nel linguaggio comune Lassie, per antonomasia, era addirittura il nome comunemente utilizzato per identificare il Collie.

Negli anni '60 e '70 abbiamo assistito al boom del Dalmata, ben lontano dal somigliare, se non fisicamente, ai dolcissimi Pongo e Peggy della disneyana *La carica dei 101*; per finire, il cane attore per eccellenza, il Border Collie, che grazie alla sua addestrabilità e alla sua voglia di lavorare, compare in decine e decine di film e pubblicità.

Ciò comporta dei fraintendimenti importanti sulla razza e

sulle aspettative verso la propria vita con il cane: pensare di vivere con un Border Collie docile e geniale come quelli che vediamo nei film sarebbe come pensare di alzarsi la mattina e andare a cavallo con il Kevin Costner di *Balla coi Lupi*! Dimentichiamo che i cani attori sono attori a tutti gli effetti, quindi dietro quelle prestazioni che vediamo c'è un grande lavoro, che parte dalla socializzazione del cucciolo, passando per l'educazione, per arrivare poi all'addestramento vero e proprio.

Non dobbiamo sottovalutare il potere dei media nel formare convinzioni e atteggiamenti, il discorso appena fatto può, e deve, sembrare ovvio ai più, però si tratta di convinzioni insidiose che spesso si formano al di là della nostra razionalità e si insinuano dentro di noi.

Are you talking to me? Ehi, ce l'hai con me?

Durante le visite per la scelta dei cuccioli osservo la tendenza delle persone a chiamare il cane con il nome a lui assegnato, nell'errata convinzione che ripetendo il nome in continuazione il cane possa impararlo, proprio come avviene per i bambini nel processo di rispecchiamento e di insegnamento del linguaggio.

Com'è noto, il nome per il cane è solo uno dei tanti suoni che noi emettiamo; proprio questo particolare suono diventa gradevole perché il cane impara ad associarlo a una gratificazione, sia essa un bocconcino, una pallina o il contatto con il proprio conduttore. Una volta pronunciato il suo nome, il cane si rivolge a noi perché sa che succederà qualcosa di positivo.

Poiché a oggi vivo con 16 Border Collie, sia che mi trovi dentro casa o quando usciamo in branco, talvolta ho bisogno di dare a ciascun cane indicazioni differenziate, così premetto il nome al segnale verbale/corporeo. I cani rispondono perfettamente a questa modalità: quando sentono "terra" preceduto dal nome sanno che l'indicazione riguarda un cane specifico, ma se per errore ripeto la parola, allora vanno a terra anche tutti gli altri.

Graeme Sims sostiene di risolvere lo stesso problema attraverso l'uso di segnali verbali in più lingue, una per ogni cane.

Non conosco 16 lingue.

Quindi scelgo di premettere il nome all'indicazione verbale per richiamare l'attenzione di un particolare cane. Se questo poi implichi autocoscienza e riconoscimento della propria identità da parte del cane non saprei dire: vorrei stare per magia una sola giornata nella loro testa.

Comunque, da essere umano, mi scopro a relazionarmi ai cani "come se" possedessero un'identità autocosciente, come se il nome, oltre a essere un suono, li identificasse: i risultati sono sorprendenti, ma non posso trarre conclusioni affrettate, senza fondamento scientifico e probabilmente influenzate dal mio punto di vista di essere umano. Tuttavia, che i cani abbiano un senso di sé è un'intuizione che mi deriva dalla vita quotidiana immersa nel branco; il fatto di non riuscire a dimostrarla con gli attuali criteri delle scientificità non significa che i cani non possano avere un'autocoscienza e il senso del proprio Sé e della propria identità, quella che gli antichi, e gli psicoanalisti junghiani, chiamano "Anima".

Tana dolce tana

La cuccia è il luogo dove il cane si sente contenuto e protetto dai pericoli, ricordiamo che è un carnivoro predatore per cui la tana svolge una funzione essenziale. Quando il cucciolo entra in casa ha bisogno di scegliersi, o almeno di vedersi assegnato, uno spazio che lo possa contenere e che sia esclusivo, un luogo dove ritirarsi per lunghi periodi a riposare, sgranocchiare un giocattolo, sottrarsi alla relazione sociale e sedimentare l'apprendimento.

Questo luogo privilegiato può facilmente essere il trasportino, dentro cui il cucciolo deve dormire chiuso, per poi essere lasciato aperto a disposizione durante il giorno, oppure essere utilizzato di nuovo come luogo chiuso e protetto in caso di eccessiva eccitazione da parte del cane, in caso di visite di persone non abituate ai cani, per proteggersi dall'interazione troppo stretta con i bambini.

In natura il cucciolo di lupo esce dalla tana inizialmente protetto dalla madre, per esplorare e giocare con i fratelli. Esplorazioni troppo vivaci o indipendenti vengono spesso punite dalla natura con la morte. Vengono così evolutivamente premiati gli esemplari prudenti, ove la prudenza non è la titubanza o la paura, ma addirittura una delle quattro virtù cardinali della filosofia: la prudenza dirige l'intelletto nelle attività di discernimento, indirizzando l'azione verso ciò che è bene e opportuno.

Il lupetto prudente, autorevole, capace di discernere, vivrà e si riprodurrà.

Per questo il cucciolo ha bisogno di essere accolto in un ambiente che rispecchi la possibilità di esercitare la prudenza, il discernimento, l'autoregolazione. Spesso gli umani, ragionando da primati, temono di chiudere il cucciolo nel trasportino, come se fosse una prigione, favorendo così nel cane una condizione di perenne eccitazione deleteria per il suo equilibrio e per la nostra pazienza. Viceversa il cucciolo, come in natura, deve apprendere l'autoregolazione e vivere da carnivoro predatore quale è, ovvero secondo una modalità forte e prudente, discernendo i momenti in cui può essere eccitato, ed esercitare l'esplorazione e il predatorio, dai momenti in cui gli istinti vanno contenuti e canalizzati verso uno scopo.

Il cucciolo di cane deve apprendere l'autoregolazione, in assenza dei pericoli che la natura offre, come deterrente verso l'eccitazione smodata. Quindi anche attraverso l'uso del trasportino il cucciolo impara a esercitare la calma, ma dobbiamo essere noi a insegnargli questa facoltà. Se non insegniamo al cucciolo a essere prudente avremo un cane adulto perennemente eccitato, al quale non sarà mai sufficiente né l'esercizio fisico né l'addestramento, avrà sempre e ansiosamente bisogno di compagnia e tenderà a rosicchiare e distruggere i mobili di casa anche da adulto.

La differenza tra il cane prudente e il cane timoroso, oppure il cane che non si autoregola, diventa evidente nelle uscite in montagna e nel rapporto con le prede o con le pecore da governare. Un cane timoroso alternerà momenti di eccitazione incontrollata con momenti di ritiro timoroso, non appena una preda, o un montone giovane, dovesse metterlo in difficoltà o laddove le indicazioni del conduttore dovessero sembrargli troppo pressanti. Un cane forte e prudente non rincorrerà prede a vanvera, soprattutto se adulto, nemmeno si getterà tra le pecore sparpagliandole ma, nel caso del Border Collie, assumerà spontaneamente l'atteggiamento istintivo di predatorio controllato, muso basso in avanti a coda allineata alla schiena.

In montagna segnalerà al conduttore possibili pericoli o cambiamenti nell'ambiente, modificherà atteggiamento, passando dall'eccitato annusare passaggi di prede al circospetto e rispettoso annusare escrementi di un lupo che ha marcato il territorio.

Un cane non timoroso e non perennemente eccitato in città saprà regolare la sua esuberanza e affrontare le innumerevoli fonti di stress; potrà efficacemente convivere con gli altri cani e con gli stimoli innaturali della città (rumori, mezzi di trasporto, persone che lo odiano oppure vogliono accarezzarlo per forza).

Se mi lasci non vale

Insegnare a usare il trasportino e confinare il cane in un luogo "tutto suo" serve anche ad aiutarlo a gestire l'ansia da separazione. Il cucciolo deve essere chiuso con atteggiamento umano normale e rilassato, senza dare segnali di ansia, come vocine, coccole, senza dire e nemmeno sottintendere "poverino"o "mascalzone"!

Tutti i miei cani stanno buoni e ritirati quando prendo in mano i vestiti che uso per andare in studio o all'università, ma quando prendo in mano gli scarponi non riesco nemmeno ad allacciarli, tale è la loro eccitazione. Per il cane è normale che in alcuni momenti si stia assieme e in altri no, non chiede spiegazioni e noi non gliele dobbiamo, così vive sereno, in un ethos (ambiente) per lui conosciuto e prevedibile, quindi gestibile.

Per insegnare al cane a usare il trasportino basta chiuderlo dentro da cucciolo dopo aver fatto con lui la passeggiata, aver abbondantemente giocato e interagito, facendo orecchie da mercante a eventuali proteste. Alcuni cani non protestano mai, altri si abituano nel giro di 2 o 3 giorni, perché in questo caso il nostro è un comportamento perfettamente in linea con l'*ethos* canino.

In presenza di un cane che non riesce a stare da solo per un tempo congruo e si lamenta distruggendo e abbaiando, è intervenuto sicuramente un tempo di distacco troppo lungo oppure un'ansia da separazione umana che ha impedito di utilizzare il linguaggio canino corretto, anche a causa di gesti e voci che hanno tradito qualche sofferenza per l'umano.

"Povero piccolo, stai buono che la mamma torna presto!", può distruggere la sicurezza di un cane.

Il valzer di Pee&Poo: la tragedia dei "bisogni"

Quando il cane sporca non è come un bambino cattivo o disordinato: all'opposto degli esseri umani, non appena assumerà il controllo degli sfinteri, tra il quarto e il quinto mese di vita, non sporcherà più il luogo che identifica come cuccia.

Il cucciolo trova assurdo essere rimproverato per aver marcato il territorio, per lui si tratta di una grave inibizione della sua personalità, visto che attraverso le tracce di urine e gli escrementi i cani comunicano agli altri la loro posizione sociale nell'ambito del branco: chi copre la pipì (simpaticamente tradotto dagli inglesi in *pee*) di chi, quale maschio fa gli schizzi più alti, chi lascia gli escrementi (*poo* informalmente in inglese) in posizione più o meno dominante.

È pur vero che bisogna trovare un compromesso tra frustrare la personalità del cane e vedersi la casa ridotta come una latrina!

Per realizzare questa possibilità è opportuno far dormire il cucciolo chiuso nel trasportino e permettergli di uscire, o di raggiungere un luogo dove può sporcare, non appena gli apriamo.

Tante volte sento delle persone che dicono: "L'ho tenuto fuori un'ora e non ha fatto nulla, appena arrivati dentro casa ha mollato subito un bella pipì: è dispettoso, me l'ha fatto apposta, mi sono arrabbiata con lui e l'ho rimproverato".

Anche in questo caso emerge un "intrapsichico" prevalentemente umano che identifica il cane come un bambino che volontariamente ha indispettito la mamma, facendo la pipì dove la mamma non voleva. Parlando di umani, queste risposte "dispettose" dei bambini spesso sono il tentativo di raggiungere una forma di autoregolazione in risposta a un ipercontrollo materno, che impedisce al bambino di appropriarsi progressivamente di tutte le sue funzioni fisiologiche, ovvero di capire quando gli scappa la pipì, quando ha fame, quando ha freddo e quando ha sonno.

Nella cultura mediterranea i figli spesso devono ingaggiare una lotta strenua con le madri per sviluppare questa forma di autonomia fondamentale. Come diceva un mio paziente, già abbondantemente adulto, "il maglione è quella cosa che si indossa quando la mamma ha freddo"!

Quando le ansie da controllo vengono proiettate anche sui cani abbiamo effetti disastrosi: il cucciolo, colpevole di non aver studiato la psicologia del rapporto madre-bambino, si comporta da cane ben educato, ovvero non marca con la sua urina il territorio già copiosamente segnato da cani adulti e dominanti, non prima di essersi assicurato di non incorrere in un'aggressione da parte di un cane adulto. Dobbiamo capirlo e avere pazienza fino a che il nostro cagnolino non si rassicuri, dobbiamo, in altre parole, saper interpretare il senso dei suoi comportamenti rispetto al suo essere cane.

Le rappresentazioni umane che vengono proiettate sul cane sono come un segnale radio molto forte che disturba qualsiasi altra possibilità di comunicazione, dobbiamo imparare ad abbassare il segnale e permettere così ad altre forme di comunicazione, ad altri linguaggi, di uscire fuori e allargare il nostro spazio percettivo e comunicativo.

È necessario aprire gli occhi e il cuore verso i nostri cani, rispettarli per quello che sono, esseri meravigliosi con cui condividere l'esistenza, ma pur sempre molto diversi da noi.

Parole parole parole

Come molti altri cinofili vorrei passare anche una sola giornata nella testa di un cane, sarei curioso di tutti gli odori e del modo di sentire i suoni: i cani, da predatori, hanno un olfatto e un udito fenomenali.

Noi umani comunichiamo, o pensiamo di comunicare, prevalentemente attraverso il linguaggio verbale, mentre i cani utilizzano il suono solo per una gamma ristretta di comunicazioni.

Quando i miei cani sono fuori nei pascoli o liberi sul prato, dal tipo di abbaio sono in grado di distinguere se hanno sentito un animale selvatico, se c'è qualcuno al cancello (il tono è differente per un familiare o un estraneo), se viene percepito un pericolo e bisogna aggredire l'intruso con il supporto di tutto il branco; è possibile anche stabilire quale sia il grado di pericolo: da una ben nota presenza di selvatici nel terreno adiacente (in questo caso abbaiano per segnalare un pericolo d'invasione e quindi per scacciare possibili intrusi), fino a un abbaio che io chiamo "disperato" quando si trovano di fronte a qualcosa che non conoscono e che non si aspettavano.

Poi c'è tutta la gamma degli uggiolii di benvenuto, prerogativa solo di alcuni dei nostri cani, e la gamma dei ringhi: ognuno ha la sua tonalità riservata a un soggetto del branco in particolare, con buona probabilità sono in grado di distinguere "chi" ringhia a "chi" e "perché".

I cani considerano i nostri suoni come un flusso continuo e inarrestabile, quasi mai appropriato e sensato in termini di comunicazione: la tonalità, la frequenza e il volume del suono da noi emesso può suggerire a un cane di allontanarsi, di avvicinarsi o semplicemente di rimanere in disparte, ma nulla di più.

Invece assisto continuamente a persone che parlano ai cani come se potessero dare un senso al linguaggio: il famoso Rico, il Border Collie allenato al Max Plank Institute, può riconoscere circa 200 parole; Chaser, addestrato da due ricercatori statunitensi, addirittura 1000, ma non può connetterle nel senso che noi diamo all'uso del linguaggio, può solo associare un fonema a un oggetto, la complessità del nostro linguaggio verbale si discosta molto da questo tipo di elementare corrispondenza biunivoca.

Molte volte il cane rischia di trovarsi di fronte a un compagno umano che emette suoni che per lui hanno poco senso: anche in questo caso la comunicazione va interpretata dalla parte del cane, che ha bisogno di indicazioni verbali sicure, collegabili a situazioni e comportamenti espliciti, per lui chiaramente riconoscibili.

Parlare al cane utilizzando una prosodia e una tonalità infantile, come se si parlasse da bambino a bambino, gli comunica di avere a che fare con un essere umano grande e grosso che uggiola come un cucciolo: non c'è nulla di male, purché si conosca l'effetto della nostra comunicazione sulla mente del cane. Mi piace immaginare che, a cani dotati di un carattere forte e posizione dominante nel branco, potremmo perfino fare tenerezza!

Ciò che chiamiamo addestramento o educazione cinofila altro non è che insegnare al compagno umano il linguaggio del cane, un metodo di comunicazione congiunta che porti anzitutto a una convivenza felice e di reciproca soddisfazione; poi, in subordine, a ottenere risultati nel lavoro e nello sport.

Dare il nome

Quando il cucciolo entra nella nuova casa è già pieno delle nostre rappresentazioni, delle nostre emozioni, degli spiriti positivi che si sono agitati in noi sin da quando abbiamo deciso di prenderlo.

Spesso la natura di queste idee, attraverso le quali si immagina il nostro futuro compagno di vita, è rivelata dal nome: nei corsi di preparazione mentale all'agility dog propongo sempre ai partecipanti di lavorare sul nome che hanno dato al loro cane, sapendo che questo rivelerà molto su quale personaggio si aspettano che incarni e, quindi, sull'immaginario di ciascuno.

Dare un nome è un bel gioco, emoziona, scatena le fantasie: Manlio, tu sai come per me Aragorn sia sempre stato "il Re", Beowulf "il Guerriero", e mai nome fu più azzeccato di quello della nostra Birba.

Allevatori e addestratori, pur consentendo il gioco dell'attribuzione del nome e così esprimere le proprie emozioni, devono aiutare a razionalizzare, ovvero togliere dal cucciolo il peso delle proiezioni umane e relazionarsi a lui nel rispetto della sua individualità e identità, nella conoscenza e rispetto di una specie diversa dalla nostra.

Riflettere sul nome dato al cane permette un viaggio interiore alla scoperta di noi stessi, delle nostre rappresentazioni infantili, ossia il richiamo al mondo di quelle emozionanti magie che vivono in ogni età.

Quanto di impensabile riusciamo a scoprire dentro di noi se entriamo in relazione con un cane? Più riusciremo a vederlo come cane e scoprire le caratteristiche del suo *ethos*, più riusciremo a capire la nostra interiorità.

Hegel e Kierkegaard, due filosofi che hanno influenzato fortemente la nostra cultura occidentale contemporanea, pur nelle differenze che caratterizzano le loro opere, ritenevano entrambi che il riconoscimento autentico di sé può avvenire solo in rapporto all'"altro".

Grazie al lavoro che facciamo con il cane e al rapporto che creiamo con esso - sulla base della conoscenza, della cultura e del rispetto - possiamo diventare persone migliori, più consapevoli e rispettose di sé e dell'altro.

Manlio, nelle prossime pagine vedremo come la riflessione sul tuo rapporto con Elrond, inizialmente tumultuoso, ti abbia indotto a rivoluzionare il modo di interpretare il mondo.

Caro Roberto,

prima di prendere il nostro cane leggevamo quintali di produzioni editoriali sull'argomento; io e mia moglie sorridevamo un po' straniti davanti a titoli come "Sopravvivere a un cucciolo". Ci guardavamo pensando: ma che fanatismo! Come potrebbe mai un cucciolo rappresentare una catastrofe così violenta da ridurti a uno straccio e mettere in pericolo la tua vita (sociale)?

Le parole di quei libri, infatti, si sono rivelate sbagliate. Non per eccesso, bensì per difetto! Ovvero quelle profezie nefaste - genere Nostradamus – si sono rivelate, una volta arrivato a casa Elrond, addirittura ottimistiche. Sopravvivere al nostro piccolo Border Collie è stata un'esperienza degna di essere raccontata. Ci sono stati isterismi, pianti, piccoli drammi, tensioni: insomma un frullato ipercalorico di emozioni che ha messo a dura prova la nostra sanità mentale!

Esagero? Tu ricordi bene le telefonate con te e Cristina per capire come gestire questo "diavolo della Tasmania" (va detto che ancora non era nata la tua Silver Shadow, la tua Borderina blu che ha rivoluzionato in me il concetto di "energia": al confronto il mio cucciolo si è rivelato, a distanza di tempo, un angelo peloso tutto aureole e nuvolette soffici).

Tanta gente seguiva "in diretta", sul mio blog, le nostre vicende col piccolo Border Collie, piombato in casa dal pianeta cane per distruggere sistematicamente i nostri nervi e il nostro appartamento e, all'epoca, mi sembrava volesse distruggere anche le nostre vite (a distanza di 3 anni posso dire che niente mi ha arricchito più della sua presenza nei miei giorni).

A chi non avesse avuto modo di leggerlo o a chi cerca un'esperienza dal vivo con un cucciolo, prima di decidere di prendere un bel cagnolino consiglio di leggere quelle "avventure" e quelle sensazioni di allora.

E venne il giorno...

IL RITORNO A CASA

Dopo poche curve in discesa da Petrademone verso Orvinio Elrond aveva già vomitato 5 volte. Ma come dargli torto? Era il primo viaggio in auto, tornanti stile costiera amalfitana e agitazione da distacco. Anche Simona stava per unirsi a lui in questo *festival dello stomaco contorto*! Una volta arrivati in autostrada, però, ha ha dormito tranquillo nel trasportino fino a Salerno (completamente intasata di traffico).

A CASA

Arrivato nel nostro appartamento Elrond si è guardato intorno circospetto. Ma la sua ritrosia è durata pochi istanti. Eccolo pronto a esplorare con la curiosità di Indiana Jones e la spericolatezza di Patrick de Gayardon. Annusa tutto, corre in casa come un matto, ma riusciamo a distrarlo dai mobili nuovi e dai (pochi) pericoli che possono nascondersi in un appartamento. Per noi è incredibile il modo in cui ci cerca di continuo, non vuole mai essere da solo e anche se gli stimoli del nuovo ambiente sono una tentazione, basta ignorarlo un po' per vederlo arrivare di corsa da noi.

LA PRIMA CENA

Elrond è un famoso mangione. Da qui il soprannome di Borderciccio. È bastato prendere la scodella in mano e ha cominciato a saltellare felice, spinto dalla benzina della sua acquolina. Ha divorato tutto in un momento. E subito dopo, con regolarità svizzera, ha fatto i suoi copiosi bisogni al posto giusto. Sì, come se fosse già addestrato (ma due mesi con Cristina e Roberto mica sono acqua!) è andato sulla sua traversina e ha compiuto lì il suo "potty time".

DIVANI & DIVANI

La nostra intenzione è quella di non abituarlo a vivere la casa come il suo regno incontrastato. Almeno in questa prima fase non deve essergli concesso tutto. Quindi il divano è interdetto. Mai con violenza, mai con reprimende, mai con voce alta, e soprattutto limitandoci (non senza sforzo) nell'uso del No!, che a noi esseri umani viene naturale pronunciare come respirare. Non vogliamo farci illusioni, ma sembra un cane straordinariamente reattivo. Al richiamo "vieni", corre subito da noi, ci guarda spesso negli occhi come in attesa di un'indicazione. Ma non vado oltre rischierei di diventare come quei genitori che non fanno altro che vantare i propri figli per tutto il tempo.

REGOLA: Non usare No! per inibire un comportamento indesiderato, non urlare contro di lui o sgridarlo, ma semplicemente ignoralo e cerca di attirare la sua attenzione su qualcos'altro di più gradito.

Con noi sta funzionando.

LA PRIMA NOTTE

Temevamo molto la prima notte. Eravamo a conoscenza di racconti mitici di ululati notturni che tengono svegli per tutto il tempo del sonno, guaiti infernali capaci di destare condomini inferociti e così via. Invece tutto è andato per il meglio. Una volta entrato nel suo trasportino accanto al nostro letto, e chiusa la grata, ha cominciato a frignare. Ma è durato pochissimo. Meno di 5 minuti e si è rassegnato alla notte.

REGOLA: Abituate sin dalla prima notte il vostro cucciolo alla sua "cuccia" (vedi trasportino). Lo so, all'inizio vi si strazierà il cuore sentendolo piangere, ma resistete. Spegnete la luce e non consolatelo. Tanto prima o poi smette e starà comodo nella sua piccola tana.

Noi abbiamo anche inserito un gioco nel trasportino e ci siamo assicurati che avesse bevuto prima di entrarci. Abbiamo tutti dormito sonni tranquillissimi.

Il primo giorno a casa

Il primo giorno pieno con Elrond comincia presto. La notte ha dormito e verso le 7.10 comincia a guaire perché vuole uscire dal trasportino. Ma noi resistiamo ai suoi lamenti da prigioniero innocente e decidiamo di accendere la luce e "liberarlo" solo dopo che ha smesso. Lui deve dormire lì, è la sua tana. Abbiamo letto ovunque che è il suo "posto ideale" (anche per evitare che sporchi durante la notte, contando sull'inclinazione naturale del cane a tenere pulito il posto dove riposa) e i nostri allevatori ci hanno ripetuto all'infinito quanto sia importante abituarlo ad associare positivamente il trasportino. Comunque, dopo pochi minuti inizia la giornata.

E siamo felici. Il cucciolo ci elargisce subito la sua dose di allegria contagiosa. Prova a salire sul nostro letto, ma la muscolatura ancora immatura non gli permette il balzo di successo. Giochiamo un po' con lui e poi arriva il momento della pappa preparata da Simona. Ha imparato che per avere la scodella a terra deve mettersi seduto. Un po' di buone maniere non guastano a tavola! E anche questo non è un capriccio o un'insana voglia di dominarlo. È semplicemente un modo per renderlo più calmo prima di quella desideratissima attività che si identifica con il "fare la pappa", e per cominciare a stabilire delle benedette regole (P.S.: a distanza di anni, ancora oggi lui ha un atteggiamento molto tranquillo davanti alla scodella, senza mostrare nessuna possessività per il cibo e attendendo il nostro "ok" prima di cominciare a mangiare).

Il mostro Folletto. Elrond ha trovato il suo nemico in casa. La scopa elettrica Folletto. Teme il suo rombare profondo e così quando parte scappa subito nella sua stanza, sotto i miei piedi. Simona finalmente può pulire un po' casa, che dall'arrivo del cucciolo ha già cambiato fisionomia! Il mostro folletto ha un effetto terrorizzante sul povero Elrond.

Presentazioni in famiglia. Oggi è anche giorno di incontri. Per farlo socializzare, come ci hanno detto Roberto e Cristina, è importante abituarlo alla gente, ai rumori, agli odori. Li abbiamo presi in parola. Presto il nostro appartamento è diventato una piazza, affollata dai membri più stretti delle nostre due famiglie (genitori, fratelli, cognata). Oltre a noi c'erano sei persone e un altro cane. Con gli esseri umani è andato tutto benissimo. Abbiamo anche a turno indossato cappelli, sciarpe e strani copricapi. No, non era una sfilata di psicotici o un carnevale improvvisato per lui, ma semplicemente un modo per fargli conoscere alcune delle situazioni che potrà incontrare all'esterno, in modo che anche di fronte a un tizio con un cappello di lana peloso, modello Yeti, non abbia di che preoccuparsi e non lo consideri un nemico.

Con il cane adulto la situazione è diversa. Laika, la cagnolina di mia suocera, ha un temperamento molto snob, molto poco socializzante e assai introverso. Elrond ne ha avuto paura da subito, venendo a nascondersi tra le mie gambe o quelle di chi gli capitava a tiro. Laika non fa nulla per incoraggiare la conoscenza. Ogni tanto Elrond prova ad avere un contatto, ma con estrema timidezza. In più la cagnolina, con gesto inatteso e insolito, urina sul tappeto del nostro salotto. Un gesto territoriale, probabilmente, o un dispetto bello e buono. Contrizione generale. Dopo un po' Elrond va a strusciarsi su quella chiazza (che sembra indelebile) e con nostra sorpresa i rapporti sembrano migliorare. Niente di eclatante, i due restano piuttosto indifferenti. Ci aspettavamo di meglio.

Il problema dei bisogni. Elrond aveva cominciato bene, espletando le sue funzioni fisiologiche sulla traversina (per chi non lo sapesse è una sorta di "pannolone" aperto) predisposta per lui nella "sua stanzetta". Ma nel corso della giornata ha sporcato due volte il tappeto del soggiorno con la sua pipì, e in un paio di occasioni ha lasciato un *ricordo più consistente* vicino all'uscio di casa. Non lo sgridiamo mai, non servirebbe a nulla, ma lo premiamo con molte feste quando fa i suoi bisogni nel posto giusto. Sembra che preferisca evacuare lontano da occhi indiscreti, in quello che lui forse considera un luogo riparato e discreto. Nessuna paura, ci diciamo che "abbiamo voluto la bicicletta e ora pedaliamo". Solo che non immaginavamo che la strada fosse così colma di odori sgradevoli!

Chi dorme non piglia caviglie. Dopo cena avevamo intenzione di guardare un film ed Elrond ci ha assecondati per un po' riposando ai nostri piedi, mentre io e Simona eravamo seduti sul divano. Poi si è risvegliato e abbiamo cominciato a giocare. Presto la sua gioia è diventata eccitazione sfrenata, cominciando a mordere ogni cosa gli veniva a tiro. Il suo "cibo" preferito o il suo gioco d'elezione è, però, Simona, che Elrond volentieri martirizza con i suoi dentini aguzzi. A volte le fa davvero male.

Tira, strappa, morde, azzanna con ferocia ludica. Simona mantiene la calma, ma spesso il cucciolo eccede e si vedono i segni sulle sue braccia o sui polpacci. Simona comincia a preoccuparsi per questo comportamento. Per frenarlo un po' ricorriamo al trasportino. Qualche lamentela, poi però si calma. E, solo dopo qualche minuto nella sua tana, lo facciamo uscire. Appare molto più tranquillo.

Dopo il film giochiamo ancora sfrenandoci, correndo per l'appartamento al suono di "corri": cosa che lo delizia. O anche a tirare la corda intrecciata, gioco al quale pretende di vincere sempre. La notte passa tranquilla. Sembra che gli piaccia dormire in camera nostra, chiuso nel suo trasportino.

Le prime discese agli Inferi

Di giorno Dr. Jekyll... Tutta la giornata Elrond è stato molto tranquillo, trascorrendo perlopiù le sue ore con Simona, visto che io sono stato spesso fuori casa. La segue ovunque e di frequente si addormenta tra i suoi piedi. Il lato affettuoso e dolce di questo cane è come un'aura luminosa che avvolge la sua figura. Trotterella felice per l'appartamento in cerca di qualcosa da sgranocchiare per affilare i suoi denti e misurare la sua forza mandibolare.

Dopo pranzo, per un attimo Simona ha perso di vista Elrond. Io ero fuori (ancora alle prese con gli ultimi scampoli di trasloco). Non riuscivamo a trovarlo. Dopo un po' ci siamo resi conto che aveva scalato la portiera della lavastoviglie per andare a rifugiarsi nel caldo ventre dell'elettrodomestico (ovviamente spento).

Quando arriva il nuovo trasportino sembra molto entusiasta, ma forse più per l'imballo che per l'oggetto in sé. In particolar modo si appassiona a un lungo nastro verde per cui vale la pena lottare. Lo lascio quasi sempre vincere, ma solo dopo che se l'è meritato.

... la sera terribile Mr. *Elrond* Hyde. Mentre sono qui i miei genitori, che lo adorano e lo ricoprono di carezze immolandosi con strepiti e vocine ai suoi *giochi di denti*, Elrond si tramuta in un isterico demonietto. Abbiamo per la prima volta un saggio di cosa sia un *cucciolo ipereccitato*. Prova a distruggere l'albero di Natale, rovescia le scodelle con l'acqua dopo essersi inzuppato le zampe come un orsetto che cerca di pescare le trote in un torrente canadese, corre all'impazzata intorno al tavolo e per tutto l'appartamento (scivolando spesso nelle grosse pozze d'acqua da lui stesso create), è inafferrabile, è inavvicinabile. Piccolo ma saettante, sembra un Bolt in miniatura che deve battere contemporaneamente il record dei 100 metri e di "distruzione di una casa nel minor tempo possibile".

La nostra impreparazione a un evento del genere si palesa in tutta la sua evidenza. Proviamo a richiamarlo (ma lo sappiamo che è inutile, eppure ci viene naturale). Proviamo a prenderlo. Proviamo a distrarlo con altri giochi. Proviamo a essere indifferenti (ma come si può esserlo mentre la casa va a picco! È come continuare a giocare a carte mentre il Titanic affonda). Alla fine decidiamo di chiuderlo un po' nel trasportino senza sgridarlo, tra le proteste dei miei che vedono in questa azione un crudele atto di detenzione.

Dopo un po', quando sembra si sia calmato, lo facciamo uscire. Ma dura poco, si scatena di nuovo il suo istinto distruttivo. Cerca di sventrare un cuscino, afferra qualsiasi cosa gli capiti a tiro. Con un balzo salta sull'albero di Natale e lo rovescia in terra. Poi riesce a impadronirsi di una palla decorativa e la schianta.

Giusto il tempo di rilassarsi con la pappa. E poi ricomincia. Aspettiamo che si calmi giusto un po' e gli offriamo un altro soggiorno gratis nel trasportino, mentre - ahinoi - smontiamo il bell'albero di Natale che Simona aveva allestito con la sua solita maestria. Ed è solo il secondo giorno qui a casa nostra: il 30 dicembre!

Questa volta si addormenta. Solo allora apriamo il cancelletto e lui striscia fuori assonnato, venendo a piazzarsi sotto le nostre gambe mentre ci godiamo la visione del film. Andiamo a letto presto distrutti dalla difficile serata.

Inoltre, per la prima volta stasera, nei panni di Mr. *Elrond* Hyde abbiamo anche conosciuto la voce del nostre cucciolo. Un abbaiare squillante e convinto, che lascia presagire momenti di sonora inquietudine!

La grande battaglia con l'antico cane cinese

La quiete prima della tempesta. Elrond è ai piedi del divano, tra le amate caviglie di Simona. Riposa sereno. Passa buona parte del pomeriggio in una calma simbiotica con mia moglie, ogni giorno. Dr. *Elrond* Jeckill è un bravissimo cucciolo di Border Collie appagato e sereno (durante il giorno giochiamo molte ore con lui, inframmezzando piccoli esercizi di addestramento). Ma nell'aria si avverte che qualcosa sta per succedere.

Il citofono. I miei genitori. E con loro la cagna Rea, uno Shar-Pei cinese di 2 anni dall'aspetto truce e tonto. Ha perso molto di quelle adorabili pieghe che lo facevano apparire, quando era piccolo, una coperta della nonna mal stirata. Rea è un cane di razza pura, dal mantello grigio e dallo sguardo sottile, accigliato, tipicamente orientale!

Appena arriva in casa, Elrond la guarda con sospetto e la sua diffidenza si manifesta nel cercare protezione tra le gambe di Simona. Guarda circospetto, studia quell'intruso dall'andatura fiera e dalla muscolatura robusta forgiata dalla storia millenaria

della sua razza. A vederla così sembra che la sua pelle lucente sia un'armatura da antico guerriero cinese, ma al contempo una specie di vecchio saggio colpito da morbo di Alzheimer!

I due sembrano sostanzialmente ignorarsi, mentre mio padre tiene la sua cagna sempre al guinzaglio, visto che io e Simona non ci fidiamo di quello che può succedere. Elrond si dirige verso lo spazio aperto della nostra cucina. Quando corre vediamo Rea che si precipita verso di lui pericolosamente, ma mio padre la tiene ancora al guinzaglio.

Elrond si infila sotto uno stretto mobiletto metallico, Rea gli si avvicina fiutandolo. È questione di attimi e il nostro cucciolo si trasforma. Questa invasione nel territorio culinario produce nel piccolo Border una reazione imprevista. Arriccia aggressivo il muso, tiene le orecchie ben dritte, abbaia come mai prima d'ora, sembra voglia scagliarsi contro il guerriero cinese sbattendo, nella foga, anche un paio di volte la testa contro il pavimento metallico del mobiletto, da sotto il quale sferra i suoi attacchi.

Rea a sua volta abbaia, ma i suoi versi sembrano quelli di un tacchino che sta per essere spennato. Il suo respiro corto e affannato e il suo mento da vecchia le danno le sembianze di una comare inferocita, più che di un cane combattente. Ma la sua muscolatura compatta e il suo corpo tozzo e ben quadrato sono spaventosi. Non per Elrond che, uscito dal suo nascondiglio, ora le gira intorno saltellando (non in maniera allegra), ringhiando, abbaiando, simulando morsi. C'è una vera cagnara in casa e noi siamo un po' impreparati ad affrontarla. Non conosciamo ancora bene le dinamiche di interazione del nostro cucciolo e siamo molto preoccupati che Rea possa fargli del male.

Tratteniamo Elrond il più possibile, proviamo anche a mettergli il guinzaglio, ma è come se avessimo spruzzato dell'acqua santa su un corpo impossessato dal demonio! Dopo pochi istanti togliamo via il collare. Forse abbiamo sbagliato momento per provare a "collarizzarlo" (mi si passi il termine).

Tregua. Portiamo Elrond nel nostro studio e giochiamo un po' con lui. Appare molto eccitato, frenetico. Ma riusciamo a calmarlo giocando con lui. Simona pazientemente lo riporta nel nostro salotto intrattenendolo in ludici passatempi. Adesso sembra essere indifferente a Rea. Però le tregue durano poco, si sa!

Stavolta il campo di battaglia è dalle parti delle ciotole d'acqua del nostro cucciolo, che ci impressiona per la sua spavalderia e per la sua caparbietà nel farsi rispettare. È strano vedere questo cane in miniatura, con gli atteggiamenti, la protervia e la furia di un cane adulto, non rimanere spaventato di fronte al guerriero dalla pelle di sabbia (shu=sabbia + pei=pelle in cinese). Rea non sta a guardare, ma ricorrendo a tutta la sua forza, mio padre riesce a trattenerla. Io addirittura temo possa rimanere strozzata a causa dell'estrema tensione del suo collare a catena di ferro.

L'ultimo round della battaglia è sull'uscio dell'appartamento. Mentre rea sta per andare via, Elrond riparte all'attacco correndo dal lato più lontano del salone, con i suoi balzi a molla, le zampe protese in avanti in segno di schiaffeggiamento e il muso arricciato, cerca di scacciare l'invasore.

Noi siamo stremati. Impauriti. E consapevoli che la socializzazione è importante, anche se non sospettavamo fosse così impegnativa.

Caro Roberto,
ricorderai bene questo "pezzo" del blog. Mi scrivesti subito per aiutarmi a capire cosa dovevo fare. Anche se ormai il danno era fatto. Da allora Elrond e Rea non hanno potuto più stare vicini. Ci abbiamo provato in territori neutri, ma nulla da fare. Alla prima occasione il nostro Border ha bucato la cagnolina dei miei

genitori causandole una ferita al costato da suturare. Ma non è tutto: Elrond ha generalizzato, prendendo in odio tutti gli Shar-Pei (maschi o femmine che siano non ha importanza, li attacca senza pietà) e dopo di loro anche i loro "cugini" cinesi. Chow Chow, Pechinesi e così via. Tanto che penso sia un filino razzista!

Comunque le tue sagge (e profetiche) parole furono queste. Le riporto perché penso siano utilissime in quella fase delicatissima che è la socializzazione nei primi mesi:

> ... la cinesina è una razza difficile, ma non conosco il carattere di Rea. La socializzazione va fatta assolutamente in campo neutro, Elrond non è un bimbo che riceve altri bimbi compagni di giochi, ma un fiero e antico cane da pastore disposto a difendere il suo territorio anche con la vita, non esagero. In più, il volto indecifrabile e la mancanza di coda rendono la cinesina un rebus difficile da risolvere, per cui è immediatamente classificata come "nemico". Non usate mai collari e guinzagli durante la socializzazione, i cani si eccitano negativamente e diventano aggressivi... Credetemi, sospendete il tentativo, la socializzazione andrà fatta all'esterno, in luogo recintato, campo neutro, ovvero nessuno dei due cani deve identificarlo come territorio personale, dopo che entrambi i cani abbiano giocato molto, separatamente, e siano già stanchi e appagati. Sarebbe meglio affidare la socializzazione con Rea a un addestratore esperto, e farla nel campo di addestramento entro i primi 4/5 mesi, altrimenti Elrond vedrà come "nemico" tutto ciò che non conosce. La prima è stata traumatica, le prossime, utilizzando il metodo corretto, andranno meglio... Coraggio!

Legittimi dubbi

Ogni volta che leggo qualcosa in Internet riguardo ai Border Collie mi viene un profondo senso d'ansia. Non si fa che parlare della difficoltà di vivere con un cane di questa razza. Specialmente se, come me e Simona, si è alla prima esperienza con un amico peloso e quadrupede.

Mi scopro a chiedermi: "*Ce la farò a rispondere alle aspettative di Elrond? E di tutto il mondo degli esperti cinofili?*" (che immagino come un unico grande occhio di Sauron - avete presente l'epico personaggio malefico de *Il signore degli anelli*? – infuocato e spalancato costantemente sulle mie giornate con il cucciolo).

Lo so che ci vuole dedizione, che bisogna "farlo lavorare". Certo, pecore (è nei geni del Border Collie radunarle, in quanto pastore raffinato) qui nel centro storico di Salerno non ne trovo, se non piccole e finte in uno dei numerosi presepi che affollano le botteghe della zona. E non credo che per lui lavorare significhi accompagnarmi alle riunioni per l'organizzazione del Festival o all'allestimento di una troupe per un film (certo che a volte farebbe comodo qualcuno che "raduni" il cast!).

A parte gli scherzi, io e Simona stiamo dedicando tutto il tempo a nostra disposizione per Elrond. La nostra vigilanza è totale, vista la sua propensione a trovare nuovi stimoli e a escogitare nuove armi di distruzione di massa (della casa). Ma oltre a sorvegliarlo senza perderlo un attimo di vista, passiamo ore e ore a giocare con lui. Tra cuscini, trecce, tira&molla, inseguimenti, brevi fasi di addestramento "fai-da-te".

Elrond è diventato il centro gravitazionale delle nostre giornate e visto che non può uscire prima di aver terminato le vaccinazioni, siamo praticamente reclusi con lui in casa (in special modo Simona che dal momento del suo arrivo – il 27 dicembre – non ha più messo il naso fuori casa).

Ma non c'è emozione più bella che prendersi cura di lui. Ormai non potremmo più farne a meno. Le ricompense emotive che è capace di darti scolorano e sbiadiscono le difficoltà e i momenti di stress che innegabilmente il cambiamento di vita comporta. Un cane tinge di nuova luce una giornata, ridisegnandone il profilo e i significati. In parole povere "ti riempie la vita".

L'insostenibile leggerezza dell'essere (Border Collie). In serata ecco il raptus di follia. Mr. *Elrond* Hyde si è ripresentato con corse a rotta di collo, zampate nella scodella dell'acqua e più di tutto morsi alle caviglie, alle pantofole, alla mia tuta e infine anche con una pipì dentro il trasportino, sul suo cuscino! Eppure ho letto dappertutto che *a loro non piace sporcare il posto dove dormono*!

Come dicevo ieri sera a una borderista (ovvero coloro che hanno abbracciato la croce – piena di delizie – di avere un Border Collie), tra la teoria e la pratica c'è di mezzo questa bellissima, imprevedibile razza.

Avremmo voluto vedere un film, ma vi lascio immaginare quanti minuti abbiamo potuto vederne (avrò fatto in tempo a leggere solo i titoli di testa!)

Abbiamo provato a calmare Mr. *Elrond* Hyde con giochi e lazzi. Ci siamo anche riusciti per qualche momento, ma la sua folle corsa con i fantasmi e la sua famelica voglia di distruzione conosce solo delle tregue e non un vera risoluzione!

Comunque, quando è arrivata l'ora di dormire, è andato nel suo trasportino e lì è caduto vittima del sonno. Tranquillo. Un'altra giornata è passata!

Un cucciolo... di squalo!

Ci sono momenti in cui è davvero difficile "gestire" o comunicare con Elrond. In particolare è complicato tenere a freno la sua voglia di distruggere il divano e di mordere caviglie, piedi e tirare i nostri pantaloni. Ringhia mentre morde come se fosse nervoso e convinto di quello che sta facendo. A volte, anche mentre giochiamo con i suoi giocattoli, di punto in bianco smette di interessarsi a questi per rivolgere la sua violenta attenzione su di noi!

Quando chiedo consigli a vari esperti, tutti mi rispondono che *per dissuaderlo da questi comportamenti basta distrarre la sua attenzione*. Allontanarlo gentilmente dal divano, per esempio, dirgli un No! secco (non gridato) e proporgli un altro gioco. Il fatto è che Elrond sembra molto ostinato come cucciolo. E la sua attenzione ricade inevitabilmente, dopo una brevissima pausa, di nuovo sul posto sbagliato.

Anche per quanto riguarda i morsi e il tirare con i denti i nostri indumenti, oltre al dolore che ci procura (quei denti sono piccoli, ma sono aguzzi come spilli), ci preoccupa perché sembra una *manifestazione di stress o di aggressione*. E a essere onesti sembra peggiorare giorno dopo giorno. Quando comincia a fare così noi proviamo a ignorarlo, ma vi assicuro che non siamo maestri zen, né fachiri... quindi, quando quegli spilletti entrano nella carne, restare immobili e indifferenti è una capacità al di sopra delle nostre forze!

Sono sempre più convinto del fatto che l'impossibilità di uscire e di sfogarsi lo induca a questi comportamenti. Ma questa è una mia supposizione, può anche darsi che ci troviamo di fronte a un falso problema e che sia nei geni dei cuccioli di Border Collie provare a radunare le nostre gambe (il fatto è che non abbiamo zampe e zoccoli), facendo sì che l'appartamento venga dichiarato zona disastrata dalla Protezione civile!

Mi chiedo anche: *non è che il gioco del "tira&molla" con la treccia e con gli altri giocattoli stimoli troppo la sua aggressività?*
Ai posteri e agli esperti l'ardua sentenza!

Caro Roberto,
la sentenza dell'esperto arrivò subito. Queste le tue (ancora una volta importanti) parole per cercare di mettere ordine nel caos:

> Elrond deve capire che parti del corpo e oggetti di casa non sono giochi su cui può indirizzare il predatorio: quando morde non urlate, se potete ripagatelo con l'indifferenza, con un ringhio come farebbe la mamma, l'urlo non è presente nel repertorio comunicativo dei cani e potrebbe rispondere con un ritiro spaventato o addirittura con sovreccitazione. *L'occhio di Sauron* mi fa vedere che voi vi siete posti verso il cane come giocattoli eccitanti e a vostra volta eccitati; tutto comprensibile: primo cane, addirittura Border, grande attesa e grande eccitazione. Ma lui ha bisogno di un branco autorevole e attendibile, non di compagni di gioco eccitati. Il gioco con la treccia va sempre bene, purché il pallino rimanga sempre a voi e non si giochi quando lo dice lui. Mettetelo nel trasportino, anche per più ore, godetevi i vostri film in santa pace e non permettetegli di sconvolgere la vostra vita, se non positivamente. Uscite, andate al cinema, vedete amici non solo a casa, confinatelo, giocate e ringhiate, come farebbe la mamma. Quando cambierà i denti e potrà uscire le cose dovrebbero migliorare, ma se il vostro atteggiamento non cambierà sarà difficile per il cane assumere un atteggiamento di autoregolazione, e ciò sarà un danno per lui e per voi: niente urla ma autorevolezza, lasciandolo da solo nel trasportino anche più a lungo: non morirà, anzi! La sovreccita-

zione si tramuta facilmente in stress, e i Border nella sovreccitazione sono maestri.

Domande di una giovane coppia fatta a pezzi!

Decimo giorno di reclusione del cucciolo (a causa del ciclo di vaccinazioni non completato). Oggi ancora un po' di tensione in casa, perché non sempre riusciamo a essere pazienti. Certo non urliamo e sbraitiamo. Certo non alziamo mai le mani sul nostro cucciolo. Ci mancherebbe altro. Ma io e Simona ci guardiamo costernati vedendolo così sovraeccitato e pronto a mordere di continuo (specialmente mia moglie).

Siamo incapaci di capire il suo linguaggio. Ci sono segni di ansia? Segni di stress? Perché strappa una delle sue traversine nervosamente (quella che non usa per i suoi bisogni)? Perché morde gli angoli del divano con versi da matto e movimenti da contorsionista? Ha solo voglia di fare di un po' di trambusto infantile o nasconde altro? Dovremmo tenerlo sempre occupato? O dobbiamo lasciarlo fare? Giochiamo spesso a tirargli la pallina così che la riprenda. Ma è giusto farlo o così si annoia presto anche di questo? Tante domande che forse è normale avere quando hai il tuo primo cucciolo e ci sono tante aspettative.

Corriamo spesso su internet in cerca di risposte. Ogni volta che ci imbattiamo in un sito che parla di Border Collie, ci troviamo di fronte alla dicitura "*non adatto a chi vive in città*". E ci scoraggiamo. Noi viviamo nel bel mezzo della città, nel centro storico, senza un giardino, ma solo con tre balconcini.

Qualcuno potrà dirci: ma non l'avevate letto prima di prenderle il cucciolo? Certo, ma abbiamo avuto diverse rassicurazioni da esperti riguardo alla possibilità di averlo, a patto di essere sempre attivi, di fargli fare del moto, dell'esercizio fisico e mentale. Io e Simona adoriamo l'esercizio fisico, siamo l'esatto opposto di pantofolai innamorati dell'odore del telecomando e così intimi coi propri divani!

Come ho già detto in precedenza, il fatto è che Elrond non può ancora uscire e noi ci preoccupiamo molto che diventi isterico in questa clausura. E via coi sensi di colpa! Ma non ce la sentiamo di contravvenire ai divieti della nostra veterinaria che ci ha avvisato più volte che la sua incolumità fisica viene prima di tutto, quindi nessun rischio! Prima il secondo richiamo della vaccinazione e poi dopo 7 giorni si esce.

Ci vuole pazienza! Estrema pazienza. Ce lo ripetiamo spesso. E proviamo a mettere in pratica i consigli di Roberto che ci guida con la sua saggezza da "mago dei boschi".

Salvati dal trasportino. Usiamo molto più spesso il trasportino come luogo in cui dormire. Sin dalla prima notte non ha mai pianto dentro la sua tana di plastica. Quando andiamo a letto spostiamo l'ingombrante "tana" dentro la nostra stanza da letto, chiudiamo la luce e lui capisce che è il momento di dormire.

Quando pranziamo lui mangia per primo. Poi dopo un'oretta tocca a noi. Ma prima di metterci a tavola Elrond entra nel trasportino e lì resta, piuttosto calmo. Ieri abbiamo acquistato un paio di ossi di pelle di bufalo. E ne abbiamo messo uno nella sua cuccia. Sembra averlo gradito da subito.

Quando c'è da pulire in casa adesso lo facciamo entrare nel trasportino. Non lo mettiamo dentro, ma con un comando ci entra di sua spontanea volontà. Abbiamo appreso che è comodo insegnare un segnale a Elrond per farlo uscire "a comando" dal trasportino. Abbiamo cominciato ieri e sembra recepire piuttosto bene.

Ieri sera, dopo che aveva lasciato un "regalino" sul pavimento, lo abbiamo confinato ancora una volta nel trasportino accanto al nostro divano, così da poterci godere un film, visto che sembrava poco intenzionato a lasciarcelo fare. Dopo un po' di lamentele, si è calmato addormentandosi.

Finora non lo abbiamo mai lasciato da solo. Ma dopo quello che ci ha scritto Roberto, abbiamo intenzione di non vivere la clausura insieme!

Sto provando anche a ringhiare a Elrond, prendendolo per la collottola quando prova a mordermi le ciabatte o i lacci delle scarpe, o quando si accanisce contro il povero divano, silenzioso martire dei suoi dentini aguzzi. Più che il solo ringhio, sembra che la cosa che funzioni a meraviglia sia la combinazione tra questo e la presa per la collottola. Purtroppo Simona non riesce a ringhiare in maniera convincente, ma ce la sta mettendo tutta per imparare!

Sempre più spesso la nostra unica soluzione sembra diventare il trasportino. Ma non credo che sia una risposta adeguata. Certo sarebbe consigliabile portarlo da un professionista. Ne abbiamo tutta l'intenzione, ma dobbiamo attendere ancora sette giorni prima di poter uscire. Intanto con estrema pazienza (ma, credetemi, a volte sembra esaurirsi e mi sento come se fossi io dentro a quel trasportino) e tenacia cerchiamo di mettere in pratica consigli, suggerimenti, rotte, tecniche. Il fatto è che più passano i giorni meno riusciamo a goderci la felicità di averlo con noi, perché sono davvero brevi i momenti in cui si riesce a stare insieme serenamente e senza sentirsi conficcare qualche canino dentro la carne o dentro la spugna di un divano (per non parlare poi della sua inclinazione a saltare per prendere ogni cosa che penzola).

La notizia positiva è che oggi Elrond ha avuto una visita completa della nostra veterinaria che lo ha trovato in ottima salute (e che gli ha fatto il vaccino), ma è rimasta anche lei sconvolta dalla sua irrefrenabile carica di energia (distruttiva!). E prima di andare ha detto: "Questo cane mi ricorda Marley". Auguri.

L’importanza delle regole

Da ieri (11° giorno di permanenza a casa nostra) abbiamo cambiato musica. Spartito nuovo, vita nuova! Nuovi musicisti dominanti: io e Simona! Ho capito che il problema principale nel rapporto con il cane è da imputarsi al concetto umano di “Amore”, che noi applichiamo spropositatamente a una specie totalmente differente come quella dei cani!

Noi pensiamo che dargli meno coccole, fargli meno feste, assecondare meno le sue richieste rischi di farci diventare ai suoi occhi meno “amabili”.

Pensiamo: “Se ora torno a casa e non lo coccolo non mi vorrà più bene!”. Sbagliato!

“Se lo faccio entrare nel trasportino/cuccia/kennel e lo lascio lì due ore mentre esco di casa, mi odierà per sempre”. Errore.

Me l’hanno detto in tanti, cominciando dai nostri due punti di riferimento, gli allevatori di Petrademone Roberto e Cristina. Purtroppo solo l’esperienza diretta fissa nelle nostre briose menti l’insegnamento vero e profondo!

Ricordate la (pessima) canzone *Teorema* del foltocrinito Marco Ferradini? In uno dei passaggi del testo si legge:

Prendi una donna, trattala male,
lascia che ti aspetti per ore,
non farti vivo e quando la chiami
fallo come fosse un favore
fa sentire che è poco importante,
dose bene amore e crudeltà...
E allora si vedrai che t’amerà!

Se sostituiamo il cane alla donna (mi rimetto alle vostre coscienze per decidere sull’efficacia anche nel mondo umano), questo concetto darà i risultati che il teorema ferradiniano propone.

Certo sto scherzando; ma non troppo.

Esco di casa e non lo guardo nemmeno. Bene, sembra tranquillo. Corre perché vuole uscire anche lui, ma non fa storie. Quando invece Simona si veste per uscire, Elrond impazzisce come un fidanzato geloso che vuole segregare la sua amata in casa. Salta sulle sue gambe e prova anche velocemente a montarla (abbracciandole l'arto inferiore con posa poco cavalleresca). Posa da dominante, forse si sente in dovere di "schiacciare" mia moglie, di dominarla e in qualche modo di proteggerla dal quel Mondo oscuro che brulica fuori dalla porta di casa. Dovremo correggere anche questo.

Intanto anche Simona ha messo in atto *l'uscita rituale*: nessuna attenzione al momento di varcare la soglia (nemmeno una parola o uno sguardo). Stesso trattamento al ritorno.

Il momento più divertente di questo metodo è, però, il "*pranzo rituale*". Quando arriva l'ora della pappa, io e Simona facciamo finta di mangiare dalla sua ciotola. Giusto uno snack, non tutto il pranzo. Infatti abbiamo un piatto pieno di cioccolate da cui prendiamo le nostre prelibatezze, altro che crocchette al pollo! Solo quando abbiamo deciso che siamo sazi (un paio di minuti) prendiamo la scodella e ci dirigiamo al trasportino, su cui dovrà prima sedersi composto e poi avrà il suo cibo.

Ora, quando ci morde caviglie, ciabatte e tute, cerchiamo di distrarlo con un altro gioco. A volte ci riusciamo. Ma in generale dopo un po' si calma. E se non lo fa guadagna un buono omaggio per entrare nel trasportino. Piange. Fa nulla. Non ne morirà. Resta lì finché abbiamo deciso che merita di restarci. Quando ne esce, qualche coccola e poi si gioca. Se è ancora scatenato, si ritorna alla cuccia.

Elrond è un diavolo... ma apprende alla grande! Le cose sembrano migliorare molto.

Questo fu il tuo illuminante commento, Roberto:

Questa è musica per le mie orecchie, così alleverete un cane sano che non dovrà nevrotizzarsi per capire qual è il suo posto nel branco. Più il cane è forte più sente di dover fare le veci di umani che non occupano il loro posto nel branco. Molto bene. Bravi, bisogna passarci, i consigli non servono se non si ha il coraggio di andare in controtendenza rispetto alla propria emotività e metterli in pratica. Simona è la sua protetta e la sua sottoposta, lo dimostra montandola, su questo rapporto bisognerà ancora lavorare. Avete finalmente percepito che non occorre trattare male il cane per questo, sapete che sono contrario alla violenza tanto da seguire una dieta vegetariana che non mi appaga per nulla dal punto di vista del gusto. Sono viceversa per l'esercizio di una forza autorevole, cavalleresca e onesta, chiara e mai vigliacca, come mi ha insegnato il rugby.

Per il cane «amore» è la sopravvivenza del branco, che è tanto più probabile quanto più viene affidata a un maschio alfa autorevole e capace; per il cane «amore» significa regole chiare: se ti invito e prendo il guinzaglio esci anche tu, altrimenti no... Il divano è uno spazio degli umani, va rispettato perché il capo vuole così, senza tutti i dubbi democratico progressisti che siamo culturalmente abituati a dibattere... L'affetto e il gioco, in cui i cani sono specialisti, per il cane può esistere e ha senso solo in un branco che ha possibilità di sopravvivere perché guidato da regole sicure.

Torno a casa, Elrond!

Ogni volta che entro in casa o esco ho imparato a ignorare Elrond (l'addestramento coinvolge sempre anche gli umani che devono essere "educati" a vivere con il cane).

Capisco che qualcuno può considerarmi "crudele" o freddo, biasimando questo mio atteggiamento. Ma io preferisco non caricare di troppo significato questo evento quotidiano. Lui non deve preoccuparsi per me, deve capire qual è il suo ruolo e stare al suo posto. Non ci è voluto molto a farglielo entrare nella sua testolina pelosa.

Ora, quando vado via e quando torno non c'è nessuna scena drammatica (cosa che purtroppo al momento ancora avviene con mia moglie, ma devo ammettere che ha avuto molte meno occasioni di me di mettere in pratica il rituale "uscita/ritorno"). Proverò questa tecnica anche con mia madre (la quale è sempre preoccupata per ogni mio viaggio e mi dice di "andare piano" anche quando devo prendere l'aereo!).

In questi giorni in cui sono spesso a casa dedico molto del mio tempo a studiare Elrond e i modi per una vita felice insieme. Un paio di cose le abbiamo imparate:

1) **Innamorarsi del trasportino.** Grazie all'uso dei premietti di cibo, a una buona costanza, a brevissime sessioni di addestramento e gioco ho insegnato a Elrond a entrare e restare nel trasportino con una certa serenità. Ora basta il comando "cuccia" perché lui tranquillamente si accomodi sdraiato sul fondo della sua tana di plastica, e la parola "ok" per far sì che esca.

2) ***Self control, mylord* Elrond.** I Border hanno bisogno di ragionare. Questo si sa. Non si contano più quante raccomandazioni ho avuto in questo senso. I Border sono i

secchioni del cinomondo. Devi dar loro sempre qualche problema da risolvere, qualche rompicapo per tenere occupata quella loro testa dura, ma piena di materia grigia. Allora un buon esercizio di selfcontrol può far loro bene. Sto insegnando a Elrond a stare immobile quando gli spalanco la mano piena di pezzettini di pane secco o di croccantini a lui tanto cari. Non deve precipitarsi a mangiarli, non deve mandare in avanscoperta quel suo muso sempre pronto a spalancarsi per lasciar uscire i denti a spillo. Abbiamo iniziato ieri e già oggi ha capito che non è il caso di affrettarsi ingordamente verso la mia mano, ma è meglio aspettare che sia io a concedere!

Non immaginate però che Elrond sia diventato un saggio cane adulto. Resta un cucciolo esploratore e distruttore, con tutta la sua intatta voglia di massacrare mobilio e oggetti: ieri l'ho scoperto con tutto il bel volume delle opere di Hermann Hesse tra le fauci. Va bene che è una lettura che i giovani "divorano", ma credo che il mio caro Border avesse intenzioni meno culturali!

Il problema è che prova sempre a salire sul divano, e ieri per la prima volta, con un balzo degno dei suoi avi, ci è riuscito. Ci siamo precipitati a tirarlo giù altrimenti avrebbe sventrato i cuscini che già tremavano inerti. In particolare c'è una nivea coperta di pile (intendo il tessuto sintetico e non le batterie per i telecomandi) che lui ha puntato dal primo giorno in cui è arrivato a casa, e non sarà contento finché non l'avrà fatta sua!

Il suo sangue ribelle *ribolle* a volte all'improvviso. Comincia ad addentare con foga e nervosismo le mie pantofole e i miei calcagni. Io lo metto da parte con il mio No! secco. Ma non potrebbe importargliene di meno. Anzi è come se lo aizzasse ancora di più. Allora ricorro alla "cura trasportino". Lo prendo di peso e lo infilo nella sua cuccia, non senza beccarmi qualche morsetto di divincolamento. Resta qualche minuto a meditare sulle malefatte e poi lo libero, non prima del suo segnale di "sgancio": ovvero "ok". Di solito esce molto più calmo.

Gli esseri umani hanno una caratteristica saliente riguardo alle esperienze: finanche il più accorto e il più incline a dare ascolto agli altrui pareri non riesce a dar forma a una situazione per quanto ben descritta e assolutamente certa, se non quando si trova immischiato fino al collo. Io non faccio eccezione.

Io sono stato sordo a queste voci e superficiale nei confronti della lettura. Ho sottovalutato il potere devastante di quell'essere indifeso (come un barracuda affamato) che è un cucciolo di cane, e di Border Collie in particolare. Oggi sono esattamente 20 giorni che è a casa nostra e certo non posso dire che la mia vita sia quella di prima. Devo ammettere, non senza un sentimento di vergogna e di umiliazione, che ci sono stati momenti in cui sia io che mia moglie abbiamo pensato di non farcela. Momenti atroci in cui siamo stati sul punto di cedere alla tentazione di "tornare indietro" (ammesso che si potesse). Ci sono state crisi, litigi, tensioni in casa. Un cucciolo che entra in un'esistenza compatta ed equilibrata, regolata dall'abitudine a certe a libertà e a certi comfort, finisce col creare degli sbilanciamenti minando il senso di sicurezza e di agio costruiti pazientemente nel tempo.

Non ci si alza più dal letto a proprio piacimento. Perché lui è là che vuole uscire dal trasportino per fare i suoi bisogni, o semplicemente per cominciare a frullare il giorno con la centrifuga della sua vitalità inestinguibile. E quando esce dal trasportino vuole salire sul letto, e se non ci riesce comincia a mordere le lenzuola e la trapunta. Poi si scaglia sui cuscini. E infine, se non basta, si dirige a qualche abito che penzola indifeso, lasciato inavvertitamente su un comodino troppo poco alto per evitare i suoi balzi famelici. E allora devi alzarti dal letto e cominciare, anche nolente, la tua giornata. E non basta. Devi anche vestirti subito prima che lui cominci a sporcare per casa. E visto che non abbiamo giardino (santo giardino, per chi ne ha uno) dobbiamo scendere giù in strada nel freddo umido delle appiccicose mattinate invernali.

Li vedi in strada, questi "padroni di cani", inerti nel gelo livido del primo mattino come spettri muti, con il cervello ancora spento, meccanicamente legati ai fili lunghi dei loro guinzagli, vestiti con triplo strato di maglioni e con le mascelle slogate da sbadigli olimpionici! L'esercito dei forzati delle passeggiate, immersi nella nebbia di un sonno strappato dal richiamo fisiologico dei loro piccoli amici in pelo.

Non possiamo più tenere una porta aperta in casa. Le nostre porte a scomparsa sono sempre serrate, perché guai a lasciare un varco al piccolo Elrond. Come un furfante ben addestrato si insinua nei due bagni o nella stanza da letto e allora si apre per lui il parco giochi delle cose da rubare e strappare. Nel bagno di servizio c'è la cesta dei panni sporchi, autentico bottino dei 40 ladroni che per lui è una tentazione a cui è impossibile resistere. Nel bagno principale ci sono asciugamani, accappatoi, spesso la biancheria da poco cambiata e altre amenità che appaiono ai suoi furbi occhietti come una lauta ricompensa da dare in pasto alle sue fauci sempre spalancate. La camera da letto presenta poi la trapunta, i cuscini e tutto l'arredo della notte che non sfugge alla sua bramosia di folletto impazzito!

Stare fermi e seduti al computer per lavorare o svagarsi è ormai un'impresa. Tranne i pochi minuti in cui si concede una pausa, semmai dopo una lunga uscita, il resto del tempo Elrond deve essere un sorvegliato speciale. Un criminale pericolosissimo da tenere sempre sott'occhio. Dal nostro studio saetta nel grande salone openspace e parte la sua carica al divano, centro gravitazionale della sua voglia di sopraffazione, o verso i libri che abbiamo in una libreria bassa (i suoi preferiti sono i tomi di Hermann Hesse e, ultimamente, quell'indigesta lettura – non per lui evidentemente – dell'*Ulysses* di James Joyce).

Elrond ha un certo talento per aprire le zip. È riuscito a *de-cernierare* quella dello schienale per intrufolare i dentini demoniaci nella calda spugna. Quante volte lo abbiamo staccato da lì? Ho perso il conto. E ogni volta si è ribellato con i suoi ringhi fanciulleschi, ma già sonori, o con un immediato ritorno alla sua opera di sventramento. Alla fine abbiamo sigillato quella apertura con tre grossi contenitori di plastica per panni.

Allora si è accanito su un angolo laterale, che va a rosicchiare guardandoci con quell'aria di sfida di chi sa che oltre al tessuto sta rodendo anche il nostro cervello esausto. Stessa storia: ogni volta lo spostiamo via, ogni volta ritorna. Tentando perfino di reagire con un accenno di morso o attaccandosi predatoriamente ai nostri piedi.

Da un paio di giorni ha imparato anche a spiccare il salto per salire sul divano laddove riposavano tranquilli un paio di cuscini verdi. Ora bisogna rafforzare la sorveglianza: è questo il nuovo gioco progettato e messo in atto per allenare la sua qualità distruttiva. Quando ci sono io in casa insieme a mia moglie, la situazione diventa più gestibile, ma quando io sono fuori la povera Simona non può fare altro che essere alla sua mercé, a meno di non chiuderlo spesso nel trasportino, cosa che gli esperti ci sconsigliano per non creare in lui un'associazione negativa e punitiva con la sua casetta di plastica e metallo.

In più, Elrond non fa tutti i suoi bisogni fuori. Parte delle sue "pratiche" fisiologiche ha ancora il piacere di espletarle in casa, aumentando il carico di lavoro domestico, perché avere una casa nuova ridotta a discarica di Bombay non è certo il nostro sogno! Forse è colpa nostra perché scendiamo giù solo tre volte al giorno, ma certo non possiamo passare le nostre giornate a salire e scendere per le scale del palazzo con il Borderciccio in braccio (eh, sì, è un palazzo storico senza ascensore!).

Anche fare la lavastoviglie e la lavatrice sono missioni eroiche ormai. Ha una predilezione per i piatti sporchi e le stoviglie ancora unte di cibo, così mentre Simona prova a caricarla Elrond si precipita dentro l'elettrodomestico per provare a leccare ogni centimetro di ceramica o vetro vagamente odoroso di alimenti. La lavatrice, si sa, è la casa dei panni e il cucciolo non si perderebbe per nulla al mondo una festa a cui non è stato invitato!

Grosso guaio in videoteca

Una bella serata spazzata da un vento gelido. Un vento che è come un serpente bianco, tutto scaglie sottili e spire nervose. Decido di uscire con Elrond e farmi quattro passi fino alla videoteca del mio amico Fortunato.

Passeggiando per i vicoli di Salerno vecchia, Elrond si dà da fare con i suoi bisogni lasciando un "dono" all'antico basalto stradale. Bene, mi avvio in videoteca fiducioso e pieno di speranze per una serata di sereno cinema in tv.

Portarlo al guinzaglio ha momenti di letizia, con il cucciolo che mi guarda e asseconda le mie traiettorie. E momenti in cui lui vuole schizzare avanti come un proiettile telecomandato che deve centrare un bersaglio invisibile. In questi casi mi fermo senza dire una parola. Lui prova a tirare. Poi si arrende e si siede. Si ricomincia a camminare quando mi raggiunge lui. Tirare non gli conviene! E sono deciso a fermarmi ogni santa volta che lui comincia a partire per la sua fuga in avanti. Ci volessero anche 2 ore per fare 200 metri.

Arriviamo in videoteca. Una di quelle aperte 24h e del tutto automatizzata quando non c'è il proprietario. Lascio girovagare Elrond per l'angusto spazietto, facendo sì che familiarizzi con i cartonati pubblicitari dei film. Sembra gradire quelli di fantascienza. Io intanto scelgo il dvd da gustarci stasera. Quando improvvisamente ecco scatenarsi il dramma...

Si raccoglie nella sua posizione accovacciata da evacuazione (una posizione ridicola, ma comune praticamente a tutti i cani). Lo guardo esterrefatto, come se fossi al rallenty. Grido un No! più di disperazione che di autentico comando.

Lui mi guarda con quell'aria innocente di chi sta per schiacciare un pisolino, piuttosto che disastrare una zona pubblica. Improvvisamente realizzo che ci sono anche le telecamere a circuito chiuso all'interno dello spazio! E il proprietario è un mio amico. Mi prende il panico quando scopro che gli ho lasciato il guinzaglio intorno al collo e quel guinzaglio ora si sta ricamando delle feci poco odorose del mio caro Elrond!

Dimentico la scheda dei dvd nell'apposita macchina (la quale comincia a emettere il suono fastidiosissimo di quando sei troppo inattivo con la scheda all'interno). Così quell'allarme ritmico fa da giusta colonna sonora alla scena imbarazzante e frenetica in cui mi ritrovo. Provo a estrarre la paletta e armarla di bustina, ma l'operazione non è così facile perché intanto Elrond ha cominciato ad annusare il suo *capolavoro*, e temo voglia pure assaggiarne la qualità! Quindi provo a tirarlo via, ma intanto il guinzaglio è sporco e non riesco a venirne a capo. Mi scopro a pregare qualche Dio di passaggio nei Cieli che non entri nessuno in quel momento.

L'aria si sta facendo irrespirabile e io con un piede tengo Elrond e il suo guinzaglio lontani dalle sue feci, con una mano provo a confezionare la paletta per l'uso, con l'altra provo a estrarre la scheda dalla macchina perché intanto l'allarme si è fatto insopportabile! Quando la paletta è pronta provo a ripulire il disastro, ma ci riesco fino a un certo punto. Il pavimento è di linoleum e si può asserire senza dubbio che in quella videoteca l'aria si stia facendo pesante!

Io sono disperato, mi rivolgo verso la telecamera a circuito chiuso e mimo il gesto di scuse... Intanto porto fuori Elrond da quel "macello", consapevole della lezione che ho imparato: meglio solo che mal accompagnato... in una videoteca!

La pizza dei punk

Avete presente quei ragazzi senza fissa dimora, vestiti con jeans strappati e giubbini di pelle risalenti alle guerre puniche, che vanno in giro con piercing profondi come il tunnel del Fréjus e un branco di cani furbi e guardinghi? Quelli che in gergo si chiamano punkabbestia? Ecco, un paio di questi ieri erano comodamente seduti su una panchina del lungomare.

Io passeggio con Elrond sguinzagliato. Annusa, si muove, senza mai allontanarsi da me e quando lo fa basta un fischio o un "vieni" vigoroso e lui, con la lingua penzoloni e una testa che sembra un siluretto, si precipita da me. Ha solo il maledetto vizio di mangiare ogni dannata sostanza che si trova sull'asfalto. In particolare va matto per delle bacche che cadono sull'erba da bassi alberi di palma (purtroppo non da cocco). Stiamo provando a introdurre il comando "lascia", ma funziona ancora al 50%.

Comunque, mentre sgambetta felice vedo la luce di emergenza accendersi come una lampadina sulla sua testa. La riconosco dalla posa che assume: attenta, vigile, curiosa. Sento il suo cervellino demoniaco che comincia a ingranare. Neanche il tempo di immaginare cosa ha potuto vedere ed ecco che scatta come se fosse ai blocchi di partenza e avesse sentito lo sparo di una pistola da starter.

Si fionda alla panchina dei punkabbestia. Si fa accarezzare, scodinzola, si becca delle coccole e delle frasi in un italiano dolce ma disarticolato (saranno tedeschi?) e poi ecco che il suo piano malefico si realizza! Scatta alla velocità della luce sulla panchina e ruba una bella fetta di pizza dalla scatola dei due ragazzi che, invece di preoccuparsi e innervosirsi, ridono di gusto.

Elrond scappa con il suo bottino tra le fauci mentre io mi lancio al suo inseguimento. Lo so che non bisogna mai inseguire un cane: "guardia & ladri" è il loro gioco preferito, ma lo faccio per avvicinarmi e dimostrare ai due giovani punk che mi preoccupo per la loro perdita. Lo richiamo anche, ma figuratevi se Elrond si fa scappare l'occasione di gustarsi la sua pizza una volta addentata. Dopo un minuto di rincorsa riesco a beccarlo, anche perché lui è frenato da questa enorme fettona che rallenta la sua corsa disperata.

Alla fine riesco a strappargliene un po', ma il resto finisce nel suo stomaco senza fondo. Contrito vado dai due ragazzi e per scusarmi do loro un paio di euro. Immagino che sia costata fatica (a elemosinare) quella pizza ed Elrond ha sottratto loro parte del pranzo, il minimo che possa fare è offrire qualche spicciolo (anche se a Salerno con due euro compri una pizza intera!)

Dacci oggi la nostra routine quotidiana; 4 mesi

Costruire una routine per un cane è come gettare delle solide fondamenta per un edificio. Ti assicuri stabilità. Allora pazientemente stiamo provando a modificare le nostre giornate tanto da strutturarle in modo che tutto combaci.

Il giorno inizia intorno alle 8. Alzarmi dal letto, mentre la pioggia frusta i vetri e il tepore delle coperte è una morbida carezza, a volte è come uno schiaffo in faccia. Mi sveglio pensando ai giorni precane quando non avevo limiti al mio sonno e potevo decapitarlo a mio piacimento. Ma mi consolo dicendomi, mentre infilo le calze al rovescio e gli occhi sono aperti come due fessure invisibili, che svegliarsi presto fa bene perché la giornata così è più lunga, passeggiare al mattino (prima di fare colazione) fa bene perché è molto indicato per chi desidera perdere peso (poiché il corpo, non avendo ancora introdotto zuccheri freschi, cioè energie immediatamente disponibili, ricorre maggiormente al consumo di glicogeno, il grasso accumulato come riserva corporea), portare un cane a spasso fa bene per le relazioni sociali e per assaporare un volto diverso della propria città.

Ah, potenza dell'autoconvincimento! La passeggiata va avanti sul lungomare per circa un'ora. Elrond è sempre al guinzaglio. Piccolo, ma è già un tiratore professionista. Uno di quelli che mettono a dura prova le articolazioni della spalla e la muscolatura delle braccia. Ogni volta che il guinzaglio va in tensione mi fermo, attendo che si fermi e riparto. Chi mi vede per strada forse mi prende per matto.

Elrond logicamente fiuta alla ricerca dell'ottimo cibo-spazzatura da strada cittadina. Sto sempre attento a evitare che arrivi sulla preda. Ha una predilezione per le cartacce bianche che afferra a velocità fulminea. Quando dico "lascia", 8 volte su 10 la lascia, chiedendo in cambio qualcosa. Se afferra bicchieri di plastica o qualcosa di commestibile la percentuale di abbandono della preda scende allo 0%.

Finita la passeggiata, durante la quale provo a seguire una mia strada a volte forzando la sua testarda voglia di seguire un proprio percorso, mi fermo su un'aiuola (di quelle lunghe una ventina di metri) di prato, stando attento a non calpestare i bisogni degli altri cani (ma fallendo spesso in questa impresa), e giochiamo per una decina di minuti al lancio della pallina. Dopo aver corso per afferrarla quasi sempre la riporta, qualche volta invece la tiene per sé un po' più a lungo guardandomi con la faccia di chi non capisce cosa gli stia chiedendo, visto che quella cosa gialla e rotonda che ha tra le zanne non è altro che un prolungamento fisico della sua bocca!

Torniamo a casa. Il percorso ormai lo conosce bene. Ma lo fa al guinzaglio comunque, anche perché ci sono un paio di vie a scorrimento sostenuto da attraversare. Arrivato in appartamento è il momento della pappa, che consuma nel trasportino alla velocità che impiega l'elettrone a farsi un giro intorno al nucleo di un atomo.

Ora dovrebbe essere esausto, satollo e rilassato e quindi pronto al riposo. Macché. Si muove per la casa come una tigre in una savana senza cacciatori. Vuole salire sul banco della cucina, sul tavolo da pranzo, sui mobili o sul divano nuovo, ovviamente bianco! Afferra tutto ciò che è afferrabile e guai a lasciare aperte le porte dei bagni o della camera da letto. Il rischio è che svuoti i cesti dei panni sporchi o prenda calzini in terra o cuscini sul letto. Quindi bisogna stargli dietro sempre. Per evitare di vivere con gli occhi incollati al suo corpo pelliccioso e quindi perdere il lavoro per negligenza, sia io che Simona decidiamo di metterlo a riposo nel kennel. Lo attiriamo nel trasportino con un paio di crocchette, gli diamo il comando "cuccia" e lo chiudiamo per un'oretta e mezza. Di solito crolla addormentato quasi istantaneamente, o al massimo dopo pochissimi lamenti.

Verso le 12.30 si esce ancora per una lunga passeggiata preprandiale. Di solito se ne occupa Simona, quando io sono al lavoro. In giornate come oggi, in cui il sole è alto e muscoloso, è un gran piacere attraversare la folla e mescolarsi all'odore di salsedine che viene dal mare. Purtroppo la spiaggia è impraticabile, perché è sporca come una discarica. Forse per la mareggiata di questi giorni (ci sono anche 2 o 3 carogne di animali non ben identificati), ma certo l'incuria di chi dovrebbe occuparsene è vergognosa. In media un'altra ora/ora e mezza di cammino, di incontri con altri cani, di piccole lotte (specialmente quando incontra i suoi amici storici, che purtroppo per loro diventano sempre più piccoli nei confronti della sua stazza che cresce a vista d'occhio).

A casa pranziamo, mentre lui si mette in un angolo piuttosto lontano dove si aspetta di ricevere qualche briciola di pane. Sa che gli conviene starsene lì piuttosto che venire a elemosinare ai nostri piedi. Non otterrebbe nulla. Qualche volta capita anche che si addormenti da solo, per terra o sul vecchio divano che ora è nello studio. Ma è raro. Le sue batterie sono quelle certificate per Border: ovvero inesauribili. Dobbiamo stare attenti mentre apparecchiamo la tavola o quando sparecchiamo. Lo squaletto è in agguato e balza sul grande tavolo nero di cristallo, mettendosi in piedi sulle zampe di dietro, con estrema rapidità. Anche in questo caso confidare nella sua voglia di riposare è utopico, quindi lo "aiutiamo" a farlo, posizionandolo un po' nel trasportino per un altro paio d'ore al massimo.

Quando si sveglia fuggiamo subito fuori, per evitare le sue bionde benedizioni del pavimento. Quando piove giusto giusto il tempo di espletare le sue funzioni fisiologiche, altrimenti è il momento per una nuova passeggiata, questa volta per il corso principale della città. Isola pedonale, molto frequentata da persone e cani. Praticamente tutta Salerno si riversa nel pomeriggio lungo questo chilometro e mezzo di eleganti negozi, luci e acciottolato. Ho sempre pensato che in questa città si lavori poco: la gente qui è professionista nell'arte antica dello struscio, ovvero nel camminare avanti e indietro per il corso chiacchierando e lanciando sguardi alle vetrine.

A casa giochiamo al lancio dell'osso di gomma che lui ama da morire. Io lo lancio e lui riporta indietro questo bell'osso tutto salivato! Andiamo avanti così per qualche minuto. Poi passiamo al tira&molla, che però lo eccita molto (a dire il vero ci vuole poco a eccitare questa peste!). Tra una cosa e l'altra si fanno le 19-19.30. Si esce ancora, possibilmente prima che irrori le nostre mattonelle domestiche. Prima della seconda pappa si va comunque fuori, anche se solo per una mezzoretta.

Arriva il momento in cui io e Simo abbiamo voglia di rilassarci. , ma se credete che lui sia dello stesso avviso, siete in errore. Vorremmo tanto vedere un film, ma questo diavoletto non ha nessuna intenzione di mettersi in stand by.

Ci proviamo in tutti i modi: ossa di bufalo, carezze quando si mette a terra, preghiere in lingue sconosciute. Alla fine ricorriamo al buon vecchio trasportino. Un paio di crocchette, "cuccia" e lui si infila dentro e dorme beato (dopo un paio di minuti di "scavo & gratto" alle pareti di plastica e qualche guaito per suscitare pena in noi, cosa che fallisce miseramente) fino ai titoli di coda.

È mezzanotte o qualche minuto in più. Si esce per l'ultima volta. L'aria è pungente. La città dorme. Elrond si sveglia a poco a poco e già vuole saettare di qui e di lì. Ma dopo un po' si rientra e il caldo trasportino lo accoglie di nuovo per il lungo sonno al buio.

Buonanotte Elrond, a domani!

20 mesi dopo....

Mi sveglio come ogni giorno alle 7.30.

La sveglia del cellulare invade la stanza come un ospite indesiderato. Elrond conosce quel suono. Lascia il suo pouf che ha i suoi stessi colori e viene accanto a me. Non si tuffa sul letto, ma semplicemente appoggia il suo lungo muso sul mio petto, sotto le mie braccia, accanto al mio viso. Sniffa l'aria intorno al mio sonno. La sua è una presenza calda e discreta, come un abbraccio non invadente. Mi alzo e la giornata profuma già di lui. L'amore per lui cresce nel tempo e la sua presenza ci è diventata indispensabile.

Scrivo...

"Ti guardo e mi accorgo una volta ancora di quanto io sia perdutamente innamorato di te. Però bada bene, il mio è un amore specifico, l'amore che credo si debba riservare ai cani. Non una traduzione sbilenca di quello che dedichiamo ai nostri simili: gli umani.
L'amore per te è un'alchimia di rispetto e di desiderio di protezione. Il rispetto per il tuo essere: così gioioso, così puro, così immediato. Qualcuno pensa che il cane ti viva accanto. È invece io dico che tu, Elrond, vivi con me. Con me e Simona. Sei in ogni nostro istante con la bellezza dei tuoi occhi che scintillano e con la tua coda che spazza l'aria come una vela orgogliosa. Vivi con noi sempre.
Quando esco senza di te e non sento la dolce tensione del guinzaglio è come se al mio corpo mancasse un arto e la mio sguardo parte della sua vista. In un libro di Pennac ho letto: "Uno crede di portare fuori il cane a fare pipì mezzogiorno e sera. Grave errore: sono i cani che ci invitano due volte al giorno alla meditazione". Che immensa verità Elrond: da quando sei nella mia vita mi hai aiutato a recuperare una parte dell'esistenza che mi stava sfuggendo di mano. Quella parte si chiama: riflessione.
Rifletto al mattino quando usciamo nel paese che dorme ancora, lungo la stradina di campagna che costeggiando dal basso il convento porta allo stadio dove poi corriamo insieme. Rifletto seduto sulla panchina mentre tu riposi dopo aver giocato con la tua corda intrecciata che tiri e strattoni con il sorriso stampato sul muso. Rifletto nelle sere ventose d'autunno, in quelle gelide d'inverno, in quelle morbide di primavera e in quelle calde d'estate mentre insieme percorriamo stradine che non conosciamo. O che ripercorriamo perché ci sono piaciute. Elrond

tu mi hai regalato una nuova prospettiva del tempo e anche di questo ti ringrazio.
Ogni cane ha bisogno di un padrone. E ogni uomo ha bisogno di un cane. Anche se non lo sa. Io non lo sapevo. Ora ne ho preso coscienza. Avevo bisogno di te, Elrond. Me ne accorgo quando mi alzo al mattino e tu entri nel giorno con me. Non vieni mai a disturbare il mio sonno, ma ne assecondi i tempi e la durata. Ti limiti solo ad avvicinarti alle mie labbra. Ad annusare il mio respiro e poi torni al tuo posto, in attesa che io mi liberi dei residui della notte trascorsa.
Mi accorgo che ho bisogno di te quando guardo alla natura con un sentimento rinnovato. Questo anche mi hai insegnato: che la bellezza sta dappertutto, anche in quello che il nostro sguardo distratto ha smesso di notare. Non è retorica. Basta vedere come è cambiata la mia vita. Prima di te ho sempre vissuto in città. Innamorato della frenesia e del fragore delle strade trafficate di gente. Ora le folle mi inorridiscono. Il cemento mi dà la nausea. I rumori mi inebetiscono. Ora m'incanto alla vista di un prato e resto rapito davanti a uno scenario di nuvole e pecore.
Non credo di aver perso nulla andando via dalla bella casa dove abitavo, rinunciando alla bella macchina sportiva che avevo, mettendo da parte le belle serate mondane a cui partecipavo. Ho guadagnato il vero senso del bello, che mi hai insegnato mio piccolo amico provvisto di coda!
Potrei scrivere pagine e pagine sul profondo amore che nutro per te, ma mi limito solo a un grazie che tu non capirai mai e non leggerai mai, ma che sono sicuro riuscirai a intuire nel mio sguardo che ti accarezza, ammirato".

4.

Psicopatologia della vita quotidiana
(con il cane)

Caro Roberto,

la vita con un cane è una splendida avventura. Questo è certo. E ormai tutti se ne rendono conto. Ma come ogni convivenza che si rispetti, anche quella uomo-cane presenta degli inciampi, delle incomprensioni, delle sbavature, quando non proprio delle autentiche incompatibilità.

Mi sembra chiaro, da quello che hai scritto fino a ora e dalla mia personale esperienza con Elrond, che molto spesso alla base dei problemi domestici col cane ci sono *difetti di comunicazione* ed errori di interpretazione, sia del linguaggio estraneo del nostro amico senza parola, sia del ruolo che noi e lui dobbiamo avere all'interno del nucleo familiare.

Così tanti errori che possiamo parlare di una vera e propria psicopatologia della vita quotidiana col cane! Senza scomodare il dolce sonno del nostro amico viennese (il buon Sigmund Freud, che come tanti sapranno ha provato a dare una spiegazione alle increspature, alle smagliature, ai comportamenti "sbagliati" della nostra vita di tutti i giorni), sarebbe interessante provare a chiarirci le idee e procurarci una chiave per comprendere meglio come vivere in armonia con quell'essere magnifico che è il nostro compagno di vita a quattro zampe.

E chi più di te, Roberto, che ti occupi per lavoro di scandagliare e aiutare la psiche umana e che per passione esistenziale ti dedichi alla relazione con i tuoi 16 Border Collie, può aiutarmi e aiutarci a svelare i piccoli segreti e i misteri delle nostre psicopatologie quotidiane.

Voglio precedere allora come in una sorta di colloquio, provando a intercettare i problemi più comuni a noi conviventi cinofili. E perdonami se banalizzerò talvolta, ma ora ti passo la palla volentieri...

Bene Manlio,

iniziamo col dire che noi non siamo quello che crediamo di essere, siamo molto, molto altro e quest'"altro" è il mondo dell'inconscio che si manifesta con un linguaggio che può essere decodificato, portato alla luce del pensiero cosciente.

Il rapporto che abbiamo con i cani è un potentissimo rivelatore di atteggiamenti dettati dal modo di essere inconscio della mente. Quando lavoro come istruttore cinofilo sono di fronte al lato inconsapevole e sconosciuto dei loro compagni umani più di quanto non si creda.

Sulle basi di queste premesse proverò a rispondere alle tue curiosità che ora puoi presentare.

Divani di cani: come condividere felicemente gli spazi

Ci sono persone che proprio non sopportano l'idea di tenere giù dal divano il loro cane. E altri che invece lo elettrificherebbero piuttosto che permetter loro di sporcare cuscini e di ricamare di peli il rivestimento. E poi ci sono quelle persone che non riescono più a liberarsi dei loro invadenti amici che una volta conquistato il comodo posto nessuno riesce a schiodarli da lì, nemmeno fossero Homer Simpson che fa il fosso col suo giallo deretano. E difendono l'avamposto con i denti (letteralmente). Tu cosa ne pensi?

Caro Manlio,
i problemi tra cani e umani nascono per la diversità del linguaggio delle due specie, che gli uomini, assoggettati diversamente dai cani alla categoria della responsabilità, non si sforzano di capire. Visto che ci vantiamo tanto di essere al centro dell'universo e di somigliare a Dio solo perché abbiamo la parola e l'intelletto analitico che ci distinguono dagli esseri cosiddetti «inferiori», almeno dovremmo essere in grado, per capire il linguaggio del cane, di usare la nostra tanto vantata capacità di discernimento razionale, visto che non tocca certo al cane imparare il nostro linguaggio.

Il cane è un carnivoro predatore, per il quale il concetto di delimitazione del territorio è fondamentale per la sopravvivenza. Se permettiamo al cane di salire sul divano, sempre su "quel" divano, e di farlo a suo piacimento, il cane identificherà il divano come parte del "suo" territorio. A partire da questo concetto, semplice ma determinante, possiamo capire che il modo in cui utilizzerà il suo territorio dipende dal singolo cane. Il più amichevole e tollerante accetterà sullo stesso divano il gatto, il furetto, mia suocera, il prete che passa a benedire casa per la Pasqua.

Man mano che si sale nella scala gerarchica, concetto sempre ben presente nell'universo mentale dei cani, non si capisce perché un cane dominante e magari un po' aggressivo dovrebbe tollerare tutti sul "suo" divano, nel "suo" territorio. Se altri cani si avvicinano ringhia, il furetto può essere facilmente decapitato, la suocera terrorizzata e si può perfino arrivare, sacrilegio, a strappare la to-

naca del prete. E tutto ciò per il cane è perfettamente congruo, non capirebbe un rimprovero e tantomeno potrebbe tollerare un'aggressione fisica, lui difende solo il "suo" territorio.

E questa è la sua natura. È un carnivoro predatore che per nostra pigrizia intellettuale trasformiamo in bambolotto.

Se al posto di un carnivoro predatore dovessimo preferire un essere da coccolare quando vogliamo e dove vogliamo, e che deve reagire come una salma quando entra la suocera, dovremmo ricorrere al classico orsacchiotto di pezza.

Alcuni cani possono accettare di buon grado le angherie che gli vengono somministrate da chi non conosce il loro linguaggio, ma solo perché sono molto tranquilli o sottomessi.

Se il cane ha forte tempra e temperamento, oppure è abbastanza eccitabile, spaventato o nevrile, può arrivare a impedire la presenza sul divano anche a membri della famiglia.

Se si vuole avere la piena padronanza dei propri luoghi e si ritiene che debbano essere riservati a noi oppure agli ospiti, meglio impedire al cane da subito di salire sul divano, o sul letto. Una donna che vive da sola e per proprio gusto fa dormire il cane sul letto non può pensare di cacciarlo via impunemente non appena trova un uomo con cui condividere il talamo.

C'è però una soluzione che salva la nostra necessità di abbracciare una creatura viva, pelosa e affettuosa e che contemporaneamente ci lasci la disponibilità dei nostri luoghi. La parola chiave è "lavoro". Lavorare con il cane significa instaurare con lui una relazione di rispetto reciproco, di complicità: al cane piace capire cosa desideriamo da lui e gli piace farlo, non occorre manifestare ossessivamente la nostra dominanza, come dico in altre parti di questo libro l'uomo non è il capobranco. Il cane distingue perfettamente tra un suo conspecifico e noi, l'uomo è colui che organizza le regole, capisce il linguaggio del cane e lo parla, con autorevolezza e dolcezza, appena un po' più rude quando si devono alzare i toni, mai prima di aver fatto tutto il possibile per essere capiti attraver-

so una ferma dolcezza. Per intenderci, è la differenza che passa, in un gioco di ruolo a tema fantasy, tra il Master, che organizza il gioco, e il Re, che gioca un ruolo dominante all'interno del contesto dettato dal Master. L'uomo in questa metafora è il Master, il capobranco è il Re. Il capobranco pertanto non può mai essere un uomo, il cane distingue benissimo tra la nostra specie e la sua, per lui l'uomo è qualcosa di più, di maggiormente complesso rispetto a un capobranco.

Quando parlare il linguaggio del cane e lavorare con lui permetterà di avere una relazione di rispetto reciproco, non di imposizione, il cane starà sul divano (sempre ammesso che noi lo si desideri) e lo sentirà "suo" rispetto ad altri cani conviventi, ma a un nostro cenno scenderà senza se e senza ma, senza chiedersi il perché, magari mostrerà segni di nervosismo perché abbiamo deciso di far salire un altro cane, ma accetterà la nostra decisione senza problemi.

Le nostre pigrizie mentali, le proiezioni e la psicopatologia quotidiana sono le uniche responsabili di cattivi comportamenti del cane, investito del nostro bisogno di affetto, dai nostri sensi di colpa (magari per averlo lasciato da solo tutto il giorno) che ci portano a concedere cose diverse da quelle che sono veramente utili e naturali per il cane; oppure investito dal nostro bisogno di dominare altre creature, o di aggredirle, come quei «gentiluomini» che circolano compiaciuti e consapevoli con cani aggressivi verso le persone o gli altri cani.

Se il tuo cane ha conquistato il divano e decide lui chi ammettere o no è il caso che tu rifletta su temi personali come:

- *capacità di esercitare autorevolezza e genitorialità senza per questo perdere la capacità di essere affettuosi e avere voglia di giocare;*
- *disposizione ad affrontare i sensi di colpa legati a una propria presenza presso le persone care qualitativamente e quantita-*

tivamente deficitaria attraverso comportamenti ipercompensativi;

- *capacità di riconoscere l' "altro" come diverso da sé e disponibilità a impararne il linguaggio;*
- *mancanza di equilibrio e autoregolazione nell'esercizio del potere, troppo o troppo poco, comunque malregolato e poco duttile.*

Nota bene che questi fantasmi non si manifestano solo con il cane ma a 360 gradi in tutti i contesti della vita.

Kennel of love: come insegnare ad amare il trasportino

Sin dalla prima volta che ci siamo conosciuti mi hai parlato dell'importanza del trasportino nell'educazione del cane. E lo hai ribadito nelle pagine dei capitoli precedenti; quindi scusa se torno sull'argomento, ma credo che sia un punto chiave del rapporto tra essere umano e cane all'interno di un appartamento (e non solo). Come ti spieghi che siamo così refrattari a utilizzarlo? Perché se il cane, come si legge e come tu hai detto, ha bisogno di una tana e anzi la ricerca, in molti casi vede quella cuccia come un luogo di terrore neanche si trattasse delle catacombe di *Silent Hill* e urla e strepita (abbaia e piange) perché non vuole starci? Come si può aiutarli a vivere quel luogo come dovrebbero, cioè non come una cella di detenzione, ma come confortevole tana?

Caro Manlio, il cane, soprattutto se cucciolo, non teme il trasportino, teme solo ciò che non conosce e la sensazione di abbandono. Se tu fossi proiettato su Marte, come un cucciolo è proiettato in una nuova casa (magari senza cani che possano per lui essere di riferimento o cani diseducati), infileresti spontaneamente la testa in una sorta di buco nero, che è esattamente come il trasportino appare al cucciolo? È vero che il cane cerca spontaneamente una cuccia, un riparo, ma in natura, e anche in casa, è lui che decide sotto quale cespuglio scavare una buca o sotto quale tavolo rifugiarsi.

Non dobbiamo quindi dare per scontato che il cane scelga il trasportino, ma dobbiamo indirizzare attivamente la sua naturale tendenza a trovarsi una cuccia, perché noi vogliamo che sia "quella" cuccia.

Il cane abbaia e piange non perché sia chiuso ma perché è separato da noi conto la sua volontà in un posto che non conosce, privo del suo odore, un luogo con il quale non ha precedentemente familiarizzato.

Occorre sempre rinforzare la sua autostima, con delicatezza, e abituarlo gradatamente a posti nuovi e momenti di separazione.

Per ottenere tutto ciò sono necessarie poche ma fondamentali accortezze.

Il trasportino va lasciato inizialmente aperto, con una copertina con l'odore del cane o della mamma se si tratta di un cucciolo appena preso. Se siamo fortunati, oppure l'allevatore nei primi 60 giorni ha già curato questo aspetto abituando il cane al kennel, ci si infila da solo, altrimenti dovremo infilarlo noi delicatamente, magari gratificandolo con un biscottino, con parsimonia, o il cane ci entrerà solo dopo aver visto il suo dolcetto. Quando il cane comincia a entrare per gioco, associamo un segnale verbale, come per esempio: "Dentrooooo...". Poi inizieremo a chiudere il trasportino per brevi periodi, con l'accortezza di non riaprirlo fino a che il cane non si sarà calmato. Il gioco è fatto, basta solo costanza e coerenza, l'addestramento dura meno di quanto si possa pensare, tranne che, e ci risiamo, l'uomo identifichi il trasportino come un «carcere» in cui chiudere quella «povera creatura». In questo caso sarà la nostra ambivalenza e la nostra preoccupazione, inutile e proiettiva, che metterà il cane in allarme ogni volta che gli proporremo il trasportino.

Chiudere il cane significa saperlo proteggere. Invito tutti a vedere su YouTube i crash test con la presenza simulata del cane in auto: basta un banale urto a 40 km/h per veder volare il cane contro il parabrezza.

Il trasportino non significa solo sicurezza, significa poter portare il cane con noi dovunque, perché all'occorrenza lo possiamo infilare lì dentro.

Vedo tante persone che non sopportano il cane nel trasportino e si danno ogni pretesto per tirarlo fuori, si inventano necessità di far la pipì a ripetizione, come se i cani fossero vecchietti umani incontinenti.

Se abbiamo problemi a chiudere il cane nel trasportino riflettiamo su possibili problemi come:

- *Ansia da separazione*
- *Sensi di colpa, paura di non amare abbastanza*
- *"Il medico pietoso che fece la piaga purulenta"*
- *Claustrofobia*
- *Ipomaniacalità (per intenderci, le persone che non sanno star ferme e che pur di sentirsi impegnate diminuiscono la qualità degli impegni pregressi e aumentano l'ansia che volevano eliminare)*
- *Workaholism, ovvero sindrome da dipendenza da lavoro, terrore della libertà, horror vacui.*

Pensavo fosse un cane invece era un trattore: come non strumentalizzare il proprio amico a 4 zampe

Una volta mi hai detto: "Tutte le psicopatologie si innestano su una particolare visione della realtà, esasperandola e portandola alle estreme conseguenze, così la visione dell'uomo al centro del tutto conduce a un'inevitabile serie di rappresentazioni distorte e quindi a patologie nella relazione uomo-cane". Cioè, se ho ben capito, a volte un cane viene eccessivamente strumentalizzato e "utilizzato" come fosse un attrezzo nelle nostre mani, come un meccanismo che assolve a una funzione. Cosa intendi?

Caro Manlio, il cane è Natura.

È altro da noi esseri umani. Lo sapevo razionalmente, ma mi è tuonato dentro chiaro e forte come una folgore una mattina d'inverno di qualche anno fa.

Tornando da un giro in montagna scrissi queste parole.

Vivere con un cane è una straordinaria occasione per entrare in contatto con la biodiversità, con quello che gli antichi chiamavano Natura, intendendo non solo piante, animali selvatici e montagne, come oggi intendiamo in senso limitativo, ma il processo stesso della vita, il diventare proprio quello che si è, la "natura" delle cose.

La natura del cane è la stessa del lupo, con cui condivide il 100% del Dna, tanto che l'accoppiamento tra cane e lupo è fertile e può dar vita a individui ibridi.

Non so quante volte pensiamo che, guardando il nostro cane che sonnecchia sul divano, stiamo contemplando un mistero: l'evoluzione, Dio, o entrambi, hanno voluto che vivessimo con un ramo dei lupi diventato domestico, ma che conserva ancora intatta gran parte della natura dei loro fratelli selvatici.

Abbiamo l'occasione di osservare la natura, stesa sul nostro divano, respirare la stessa aria, vivere le stesse passioni ed emozioni.

Ammutolisco verso questa diversità, mi incute un grande rispetto.

Il cane si accompagna all'uomo da 12.000 anni, le razze che noi conosciamo sono il prodotto delle scelte umane, eppure i cani continuano a testimoniare la loro provenienza "naturale", ed è in funzione di questa che qui pensiamo al cane.

Veniamo quindi alla "visione della realtà" su cui si innesta la patologia.

Contemplare, osservare, rispettare. Contemplare e osservare i nostri cani significa rispettarli, non renderli delle macchine o simili a noi.

*Quando lavoriamo con i cani e li usiamo strumentalmente, questo atteggiamento deve sempre essere equilibrato dall'osservazione, dal rispetto per il mistero che lega uomo e cane, "così diversi, cosi' vicini", come scriveva Virginia Woolf (*Flush, Biografia di un cane).

Come vediamo i cani? Come li consideriamo?

I cani, tanto vicini all'uomo ma comunque appartenenti all'ambito naturale, purtroppo vengono per lo più guardati utilizzando il paradigma prometeico dell'uomo che utilizza la natura ai suoi fini.

Conosciamo infatti:

- *Cani da caccia*
- *Cani da pastore*
- *Cani da compagnia*
- *Cani da ricerca in superficie*
- *Cani da terapia*
- *Cani da agility*

L'elenco sarebbe lungo. Nel denominare in questo modo i cani sottolineiamo l'uso strumentale da parte nostra, il vederli principalmente come uno strumento per i nostri bisogni, lavorativi, ricreativi, bisogni di competizione, bisogni affettivi.

In questo contesto non mi occupo del giudizio morale che si potrebbe dare sulla differenza tra una persona che ama da morire il proprio Carlino e un cacciatore che lascia morire il proprio cane caduto in un burrone durante una battuta di caccia: entrambi possono connotare il rapporto con il loro cane in maniera prevalentemente strumentale, la compagnia sostitutiva o integrativa di affetti oppure l'ausilio nella caccia, nel lavoro con il bestiame.

È la rappresentazione dominante del cane come essere funzionale e strumentale che mi interessa in questo discorso, a prescindere dalla maggiore o minore compassione che il cane può sollecitare in ciascuno di noi.

Il **cane trattore**, *o attrezzo agricolo o da caccia, che vive nel fienile e viene addestrato e commerciato, venduto anche da adulto per le sue capacità, oppure ucciso per le sue incapacità. Tra l'altro, è così che i Border Collie sono diventati i cani eccezionali che conosciamo, attraverso una durissima selezione effettuata nei secoli scorsi dai pastori. Gli attuali Border Collie nascono grazie al sangue sparso dei loro antenati meno dotati. Per questo penso che i Border Collie vadano profondamente rispettati per la loro natura di cani che lavorano, proprio perché hanno pagato caro queste doti e non sono fatti per girare per esposizioni canine o centri commerciali.*

Beninteso, penso che tanti cani trattore alla fine vivano comunque meglio dei cani bambini o peggio dei cani pupazzi che vedremo più avanti, e che il fatto che il cane svolga una funzione non significa che non possa godere della stima e dell'affetto del suo conduttore.

Il **cane riproduttore**, *tenuto in gran conto dagli allevatori fino a che è in grado di riprodursi, poi ceduto non appena invecchia e diventa un peso economico per l'attività dell'allevamento. Meglio un cane anziano tenuto bene in una famiglia che lo accudisce e lo ama piuttosto che trascurato in un allevamento dove prima di lui verranno sempre i cani che si possono riprodurre e portare soldi all'attività.*

Quando visitate un allevamento in cerca di un cucciolo non chiedete di vedere per primi i cuccioli: i piccolini vi conquisteranno e in breve perderete il senso della realtà e la capacità di giudicare.

Perciò quando entrate in un allevamento chiedete subito, gentilmente ma fermamente, di conoscere i cani vecchi, usciti dal ciclo della riproduzione. Guardate se ci sono, come sono tenuti, e osservate il rapporto che l'allevatore ha con loro.

Un cane anziano ha diritto alla sua pensione nel luogo dove ha lavorato tutta la vita, ha diritto al mantenimento dei suoi affetti, ha diritto di essere viziato e coccolato più di prima, visto che non deve più lavorare gli possiamo perdonare tanti comportamenti su cui prima dovevamo tenere duro perché il cane lavorasse al meglio.

Il ***cane da guardia***

"Senta, ma i Border Collie fanno la guardia? Perché ho un giardino e vorrei stare tranquillo". A una telefonata di questo genere faccio fatica a non rispondere sgarbato, mi limito a consigliare un buon impianto di allarme perimetrale.

Manlio, sai che se qualche malintenzionato si infilasse dentro casa mia penserei a proteggere mia moglie e i miei cani. Mio figlio oramai si proteggerebbe da solo, anzi, sarebbe lui a proteggere noi. Non concepisco come si possa rischiare la vita di una creatura che ti offre amore incondizionato per proteggere uno stupido giardino, un'inutile argenteria.

Eppure succede.

Nessun cane dovrebbe fare la guardia, ovvero rischiare la vita per proteggere delle "cose", né può essere in grado di proteggere delle persone da malintenzionati, lo scontro non sarebbe alla pari, un boccone o un colpo di arma da fuoco e il cane è andato.

A meno che per fare la guardia non si intenda una funzione simile a quella delle oche del Campidoglio, che la leggenda vuole segnalassero, attraverso i loro schiamazzi, ai Romani l'arrivo di Brenno e i suoi Galli.

Il ***cane da agility***

Manlio amo l'agility dog, uno sport stupendo da praticare in squadra con il proprio cane.

Però amo anche l'onestà intellettuale.

In una malintesa, e per fortuna estremamente minoritaria, concezione dell'agility dog il cane rischia di diventare lo strumento della propria realizzazione sportiva. Il rischio va confessato.

Allenamenti troppo intensi, troppo esclusivi, quando l'agility arriva a condizionare eccessivamente la vita di tutti i giorni: "Non fare questo e non fare quello, altrimenti in gara il cane potrebbe non rispondere come dovrebbe".

L'agility dog è cresciuta molto negli ultimi anni, la velocità dei cani è pazzesca, le traiettorie sempre più impegnative per il cane dal punto di vista fisico e mentale, questo sport è sempre più spettacolare e impegnativo, per l'uomo e per il cane.

Il ***cane macchina-da-guerra.***

Penso, spero, che questo cane non esista, che sia frutto di un mio timore esagerato.

Spero.

Ho visto un video dei mondiali di Agility 2012: i vincitori della gara a squadre, alla fine del percorso, festeggiavano tra loro come una squadra di calcio, con i cani ai loro piedi che aspettavano invano un cenno, il premio per il giro da loro realizzato.

Non mi è piaciuto.

Come non mi piace il fatto che, mentre scrivevo, i successivi campionati mondiali si sarebbero dovuti svolgere in Sudafrica e gli europei selezionati per partecipare avrebbero dovuto tenere per ore il proprio cane nella stiva dell'aereo, inevitabilmente sedato farmacologicamente. Mentre rivedo il testo posso affermare che per fortuna quei campionati assurdi non si sono mai svolti, la maggior parte dei conduttori ha salvaguardato il proprio cane ritirandosi dalla competizione.

La stragrande maggioranza dei partecipanti alle gare di agility dog dimostra un atteggiamento di profondo rispetto e gratitudine verso il proprio cane, in cui la normale e sana competizione e voglia di vincere è subordinata al trascorrere momenti di qualità con il cane e con persone che condividono la medesima passione. Provate a frequentare una gara, da esterni e, oltre a vedere un grande spettacolo e delle prestazioni sportive d'eccellenza, vedrete dietro le quinte amore, rispetto e cameratismo agonistico tra uomo e cane.

Il ***cane bambino***

Il cane si presta molto naturalmente a ricevere su di sé proiezioni della nostra voglia di accudire, della nostra voglia di paternità e maternità. Gli etologi sostengono che i cani mantengono con l'umano un legame di tipo infantile, dipendente, a differenza dei lupi rimasti selvatici.

Talvolta questo assetto sconfina nella patologia quando l'uomo perde la consapevolezza delle proprie proiezioni e ne fa un assetto stabile di rapporto.

Vediamo allora cani infantilizzati, gente che al parco, invece di lavorare sul richiamo, urla al cane "ciaooo, io vado via...", come si fa con i bambini per indurli a interrompere il gioco e seguire i genitori.

Persone che ripetono continuamente al cane il suo nome, come si fa con i bambini, ottenendo il risultato di rendere quel suono privo di significato.

Cani con il cappottino per non prendere freddo, cani che vengono consolati quando hanno paura, così le paure trovano nei compagni umani un rinforzo positivo e aumentano invece che diminuire.

"Poverino, lo metti in prigione!", rivolti al compagno umano di un cane comodamente chiuso nel suo trasportino ad attendere il proprio turno di lavoro.

Questa tendenza umana è così forte che abbiamo iniziato a selezionare razze che presentano tipologie morfologiche e caratte-

riali da bambino, il Carlino su tutte, tanto da riscontrare anche difficoltà nella riproduzione spontanea.

Il confine tra la normalità e la psicopatologia è abitato dalla consapevolezza.

Tutti i nostri cani solleticano il nostro istinto ad accudire, non occorre negarlo o resistere, occorre solo essere consapevoli ed evitare che queste nostre proiezioni ci impediscano di rivolgerci al cane non rispettando la sua natura.

Il ***cane pupazzo***

È un caso limite, siamo oltre il cane bambino, che, nel fraintendimento, almeno mantiene il diritto all'alterità. Il cane pupazzo è poco più di un gioco, preso per far contenti i figli, per far compagnia al bambino, "perché il pediatra ha detto che con il cane possono passare le ansie notturne a mio figlio di 5 anni, vero dottore?".

Il ***cane-Tavor, il cane psicoterapeuta***

Il cane pupazzo riempie lo spazio vuoto della coppia e viene messo in soffitta come un gioco vecchio non appena nasce il bambino. "Non abbiamo spazio". "I germi". "L'igiene". "Cedesi cucciolone affettuoso e abituato in casa". Non c'è più tempo per lui. Improvvisamente diventa un essere infettivo.

Se vediamo il cane principalmente come uno strumento, dovremmo riflettere su alcune dimensioni psichiche che ci potrebbero appartenere:

- *Visone cinica della vita*
- *Ripetizione pedissequa delle tradizioni senza riflettere sulla possibilità che ha l'uomo di scegliere e quindi cambiare liberamente la propria visione della vita, le proprie azione e il proprio destino*
- *Difficoltà di mettersi nei panni degli altri e di capire cosa provano*

- *L'egosimo e l'amore narcisistico che prevalgono sul dono di sé e sull'amore oblativo*
- *Narcisismo maligno*
- *Tendenze antisociali*

Chi di nome ferisce, di nome perisce: come dosare il richiamo

Una delle patologie psicologiche più radicate e potenti nel rapporto con i nostri cani è l'uso massiccio del "nome". Io non vedo altro che esseri umani che sparano a raffica il nome al povero amico quadrupede. Ogni tre parole, una è il suo nome. Ma in questo bombardamento "onomastico" non non c'è il rischio che il cane rimbambisca e che perda di valore il motivo per cui esistono i nomi stessi: cioè richiamare e attirare l'attenzione e individuarlo?

Caro Manlio,

la radice è sempre la stessa, ovvero la mancanza di considerazione per un'altra specie.

I bambini imparano il loro nome con le ripetizioni, i cani evidentemente no. Nella mente del cane non vi è necessità che esista qualcosa di simile a ciò che noi chiamiamo nome. Penso che il cane veda noi umani come esseri che emettono una quantità di suoni assolutamente irragionevoli. Il cane non potrà mai capire il senso di una conferenza o del televisore perennemente acceso in casa. Sono rumori e basta. Lui ci tollera, per il cane noi umani "siamo fatti così", viviamo in un mondo inutilmente rumoroso.

Alcuni di questi rumori emessi dalla nostra bocca diventano però interessanti. "Pappa" è un rumore che di solito anticipa una bella ciotola piena di profumati croccantini. "Andiamo" prelude alla passeggiata, e così via: sembra che un Border Collie possa riconoscere fino a 1200 suoni diversi e associarli a oggetti o gruppi di oggetti.

Tra i vari suoni interessanti c'è "quel" particolare suono, emesso da noi umani, che il cane identifica come "qualcosa di positivo che mi riguarda".

Noi lo chiamiamo "nome".

Ed è proprio così che si costruisce il rapporto tra il cane e il suo "nome", facendo accadere qualcosa di positivo per lui ogni volta che sente quel suono. Così sarà contento, e verrà da noi ogni volta che lo sentirà.

Se lo consideriamo un bambino al quale ripetere continuamente il nome, "quel" suono perderà di senso, non sarà associato a qualcosa di positivo, ma sarà uno dei tanti rumori senza senso che noi esseri umani continuamente emettiamo.

E poi non è detto che sentendosi chiamare continuamente non si rompano le palle anche i bambini.

Chi si riconosce in questa sezione potrà riflettere su:

- *Tendenze ossessivo-compulsive*
- *Attaccamento ansioso*
- *Difficoltà a riconoscere l'"altro da sé"*

Cappuccetto d'osso: come curarsi dalla tendenza a trattare i cani come bambole

In strada poche cose mi hanno sconcertato di più dell'aver visto, a Salerno, un piccolo cane con delle mini-converse alle zampette. Sì, Roberto, hai capito bene. Un cagnolino (credo si trattasse del più bistrattato e del più frainteso dei cani da compagnia: il Chihuahua) con le scarpette. Al di là di questo eccesso, che avrebbe fatto meritare alla ragazza che aveva ridotto in quel modo il suo povero cagnolino un processo per direttissima, abbondano gli esempi di proprietari di cani che allestiscono per i loro "pargoli" a quattro zampe un vero campionario di accessori e di cure che li fanno somigliare a Barbie & Ken da vestire e accudire, piuttosto che a fieri discendenti dei lupi. I cani col cappottino e il cappuccetto ormai sono una consuetudine nelle nostre città. Non è una psicopatologia questa?

Le considerazioni che seguono forse sono poco politically correct, forse in parte dettate dalla normale malinconia che accompagna il riconoscere i sintomi del declino della civiltà occidentale. Soprattutto nelle città i passeggini vengono spinti da madri colorate, variopinte, molto bionde o nere nere, anche le loro lingue sono variopinte e diverse, si rivolgono ai loro bimbi in un idioma che non è il nostro. Le persone che vengono a cercare un'opportunità di vita in Italia sono la parte ancora sana della nostra comunità, apportano una grande ricchezza perché introducono il tema della diversità culturale, del rispetto, della curiosità, della convivenza. Soprattutto introducono i bambini, visto che noi abbiamo dimenticato come si fanno, impegnati a rincorrere improbabili carriere, false sicurezze, abitudini comode e rassicuranti. Loro lavorano molto e non hanno grandi pretese, oppure delinquono, esattamente come noi. Si accontentano, si ritagliano uno spazio vitale e così hanno figli, possono dare continuità alla vita, che è il motivo fondamentale per cui tutti noi stiamo al mondo.

Forse sono la nostra ricchezza, il nostro futuro.

L'Italia viceversa sta diventando un paese sterile e gerontocratico, tendenza presente in tutti i paesi occidentali, ma noi, in questo, siamo la punta di diamante.

Ora descriverò la situazione attraverso una serie di iperboli, almeno spero che siano tali. Esagero per farmi capire.

Spero di esagerare.

Un mondo di "intellettuali", tutti laureati, tutti specializzati, "todos caballeros", tutti superfichi, tutti inglese+computer+ studi di alta finanza e aspettative altissime, talvolta veramente malriposte.

Coppie che attendono la realizzazione lavorativa, che rincorrono un benessere materiale che nella maggior parte dei casi non verrà. Ragazze che a 20 anni sanno già che non vorranno fare un figlio prima dei 35/40, laurea, specializzazioni ed esperienze lavorative all'estero vengono prima, sono più importanti del "figlio", sì, "il" figlio, rigorosamente uno, rigorosamente da mollare alla baby sitter.

Nella prossima riforma del Codice penale, mettere al mondo un figlio farà scattare il reato di "intralcio alla carriera".

Uomini fuchi vivono all'ombra di sacerdotesse della carriera e dell'alta finanza, riempiendo l'ora libera dal lavoro e dalle incombenze domestiche, condivise con la sacerdotessa e la filippina, con la Play Station, i siti porno su internet e le conseguenti pratiche onanistiche, il calcetto con gli amici.

Qualche fuco ogni tanto si fa un'amante o va a mignotte, identificando il proprio essere uomo con un pene eretto. Spesso anche lì non funziona perché il fuco in questione è talmente incazzato con le donne, senza sapere di esserlo, che soffre di eiaculatio praecox, spesso ante portas.

Cocaina come se nevicasse per stare su, cannabis e alcool per rilassarsi, tutto questo casino dovrà pur essere sopportato in qualche modo!

Queste saranno, sono, le classi dirigenti.

Qualcosa di buono potrà venire da cosiddetti "Millennials", la generazione dei ragazzi dai 18 ai 30 anni, nativi digitali, che il lavoro e la carriera per il momento se la sognano e che potranno avviarsi verso la decrescita, verso la rivisitazione di queste esagerazioni.

Il cane con cappottino e scarpette prende origine in questo brodo primordiale di persone che stentano a trovare un senso nell'esistenza, non conoscono il rasoio di Occam e perciò moltiplicano gli "enti inutili", ovvero non conoscono la semplicità e l'austerità, dimenticando così il motivo semplice, biologico, fondamentale per il quale siamo al mondo: fare figli e consentire così il rinnovamento.

Queste persone sono sterili anche se materialmente hanno fatto figli, sono sterili nell'animo, pur mantenendo un bisogno di accudire e trasmettere.

Dure e pure nella vita, nella carriera, nel lavoro, nei viaggi last minute "mi godo la mia libertà", queste persone possono tirar fuori i propri bisogni di attaccamento sul piano emotivo solo con il cane, che diventa così strumento della loro nevrosi.

Un cane o un animale da affezione sono più pratici di un figlio.

Il cane cessa di essere cane non appena si valica la barriera del cappottino, di contro non diventerà mai un figlio ma solo un fantoccio triste e umiliato.

La sindrome del cappottino e delle scarpette può mietere vittime anche tra persone che soffrono di un'enorme solitudine: persone sole di tutte le età, ma spesso persone anziane: che hanno messo al mondo figli ma poi sono state abbandonate. Non si sa più a chi dare tutto quell'accudimento, chi vestire la mattina, negando il tempo che è passato e ha portato via l'età in cui erano persone accudenti e genitorialmente attive. Non hanno mai elaborato il lutto della inevitabile perdita dei figli, che si autonomizzano e ci salutano.

Resta il cane, spesso ridotto a un povero fantoccino che generosamente aiuta queste persone a evitare e lenire la tristezza della solitudine e il mistero della fine della vita terrena.

Chi avesse il coraggio di riconoscersi, anche solo parzialmente, nelle descrizioni iperboliche e malinconiche di questa sezione potrà riflettere su:

- *Workaholic, dipendenza da lavoro*
- *Difficoltà a elaborare la perdita*
- *Attaccamento ansioso*
- *Sterilità psichica*
- *Edonismo*
- *Materialismo e mancanza di spiritualità*

Anche tu Bruto, figlio mio! Come gestire il proprio cane che si "ribella"

Alcuni giorni fa ero in un grande magazzino con Elrond. Le persone lo guardano ammirato stare tranquillo accanto a me, mentre scelgo delle scarpe da comprare o mentre attendiamo mia moglie Simona nelle sue amletiche soste davanti a un certo oggetto (comprare o non comprare, questo è il dilemma!). Si avvicina una signora con figlia al seguito e comincia a elogiare il nostro Border Collie, lamentando l'impossibilità di vivere con gioia la quotidianità col proprio meticcio che ha diversi problemi comportamentali. Per esempio: ha dei suoi oggetti che non permette a nessuno di toccare, a volte quando è sulla sua brandina non consente nemmeno ai suoi "padroni" di accarezzarlo o di avvicinarsi ("arrivando a mordermi" dice la signora disperata, come se quella ribellione del suo cane fosse un atto di vero e proprio tradimento personale) e spesso quando pretende attenzione o vuole del cibo usa i denti in maniera poco cordiale. Problema di rapporto sicuramente e di confusione di ruoli uomo-cane. O mi sbaglio Roberto? Si può intervenire in casi del genere o l'età avanzata del cane (quasi 5 anni) compromette ogni possibilità di far recedere il comportamento deviante?

Caro Manlio,
in termini generali vale quello che dicevo quando ti rispondevo a proposito dei cani che conquistano i divani, mi permetterei di

aggiungere la delicatezza e la complessità dell'intreccio tra questo cane e la sua famiglia, sicuramente si intreccia l'inconscio all'opera con l'ignoranza, nel senso proprio e non moralista del termine.

Occorrerebbe porre rimedio urgentemente rivolgendosi a un istruttore cinofilo competente, che sappia osservare, leggere il comportamento del cane nell'ambito delle comunicazioni reciproche e degli orizzonti relazionali di tutta la famiglia e restituire poi delle soluzioni possibili.

5 anni per un cane non sono troppi per poter apprendere, dicono per esempio che i Border Collie raggiungano la loro massima potenzialità lavorativa non prima degli 8 anni, quindi è sempre opportuno intervenire e non lasciar andare le situazioni.

In un caso del genere riflettere su:

- *Capacità/incapacità di riconoscere i problemi e chiedere aiuto*
- *Tendenza a sottovalutare i problemi*
- *Presunzione di saper fare da soli*
- *Atteggiamento "evitante" verso i problemi, ovvero: la soluzione delle tre scimmiette, non vedo, non parlo, non sento.*

5.

Giocare con le maree

Il gioco nell'uomo e nel cane

Nel gioco il bambino mostra anche la sua intelligenza, la sua volontà, il suo carattere, in una parola la sua personalità... Un fanciullo che non sa giocare, sarà un adulto che non saprà pensare.

— Jean Chateau, *Il fanciullo e il gioco*

L'impulso creativo, come nessun altra cosa, dà al bambino il senso di essere vivo... è qualcosa che è presente quando chicchessia – poppante, bambino adolescente, adulto, vecchio – guarda in maniera sana una qualunque cosa o fa una qualunque cosa deliberatamente... così che il suo impulso creativo possa prendere forma e il mondo possa esserne testimone.

— Donald Winnicott, *Gioco e realtà*

Le caratteristiche proprie della sabbia, la sua duttilità nel rispondere al gesto e insieme la sua indistruttibilità a ogni violenza, fanno comprendere anche un altro aspetto di questa materia che porta la storia del mondo.
Il richiamo della sabbia può trovare una sua ragione profonda in un substrato archetipico: la terra, che è parte integrante della nostra esperienza di essere al mondo, la sabbia in particolare, porta inciso il segno di un'evoluzione

e una trasformazione derivante dal contatto e dal lavorio perenne del mare, che nel mito è considerato la matrice originaria della vita. La sabbia dimostra una gamma espressiva quando con l'aggiunta d'acqua apre al giocatore la possibilità di una consistenza che permette la costruzione di forme diverse.

— Paolo Aite, *Paesaggi della psiche*

Il mago Merlino e Birba la strega: l'incantesimo del gioco

Bretagna e Normandia, sabbie infinite, mare infinito. Ci sei mai stato, Manlio?

Mio figlio Matteo, Birba e Merlino, i nostri primi due Border Collie.

Ore e ore trascorse sulle spiagge con i cani che rincorrono il vento, Birba che fa sollevare i gabbiani e dà l'impressione di levarsi in volo anche lei da un momento all'altro.

Il fratello Merlino, oggetto dei giochi e delle angherie di una sorellina inarrestabile, strega malefica e principio vitale.

Un cratere di sabbia lasciato lì dal passaggio degli aerei delle forze alleate, un cratere dove forse c'è stata la morte, ora c'è il gioco.

Birba prende il povero Merlino per la collottola e lo trascina giù, giù come un sacco. Merlino è a peso morto, in totale balia della demoniaca sorella.

Le loro cucce erano in terrazzo nella nostra casa di Roma. Dai vetri della cucina vedevo Birba che, vogliosa di giocare, si infilava come un siluro dentro la cuccia di Merlino e tirava fuori quella povera anima del fratello, di peso, incurante del fatto che lui stesse dormendo profondamente.

Orecchie tese, occhi vispi puntati sul fratello e giù sui gomiti, culo all'aria e coda sventolante, la classica posizione di invito al gioco. Impossibile non darle retta e così, tra morsi e finte ringhiate, inizia una danza infinita, che simula una lotta, ma piena d'affetto, di voglia di stare insieme.

Il gioco tra i cani mi ricorda il *rough-and-tumble*, la lotta senza regole. Il rough-and-tumble regolarmente praticato tra padre e figlio migliora nei bambini l'autostima, la sicurezza e il senso di sé. Lo dicono le ricerche scientifiche sulla psicologia dello sviluppo.

Giochi di mani, giochi di cani

C'è una grande analogia nel gioco "fisico" tra cani e uomini. Anche i cani che hanno modo di giocare tanto sono i più equilibrati, sanno poi dosare bene la loro aggressività, sanno stabilire rapporti di dominanza e sottomissione, attaccano un cane estraneo solo se costretti.

Ho imparato invece a temere qualcosa di più dai cani che non giocano volentieri al rough-and-tumble. Tendono a isolarsi, esprimono il loro disappunto con un minor livello di mediazione, passano all'atto più facilmente.

Chi gioca è più socievole, più aperto, tra i cani e tra gli uomini.

Nella "terra di mezzo": il gioco come *spazio intermedio*

Si entra così in quello che Donald Winnicott chiama lo *spazio intermedio*.

Winnicott, pediatra e psicoanalista, utilizzava il gioco nel suo lavoro quotidiano con i bambini. Qualsiasi cosa andava bene per giocare, ascoltare, capire e restituire, per toccare i nodi più profondi di un dolore spesso inesprimibile a parole. Winnicott giocava con i bambini, osservava e pensava.

Ha capito che il gioco crea uno spazio che si colloca tra il reale e il fantastico. Il gioco è reale, le emozioni provate sono verissime, nello stesso tempo il gioco permette di abitare mondi infiniti e impossibili nella realtà razionale.

Questo è lo spazio intermedio, tra fantasia e realtà, dove l'azione è momentaneamente sospesa nei suoi effetti trasformativi. Da bambini, quante volte ci siamo reciprocamente sparati, ci siamo amati, abbiamo vissuto avventure infinite?

Il tappeto della sala da pranzo era lo scafo di una nave, il tavolo con le sedie intorno era la cabina del comandante, un robusto piatto di silver era il timone. Quanti mari solcati, quante avventure a bordo di quella nave. Agli occhi ciechi degli adulti quanto doveva sembrare bizzarro quel bambino che passava interi pomeriggio sotto il tavolo.

Lo spazio intermedio può esistere proprio in quanto delimitato. Ha un'estensione spaziale e temporale, un inizio e una fine. All'interno di quello spazio si sovvertono le regole della vita comune, si diventa spietati o infinitamente teneri, salvo riprendere le normali condizioni del sé non appena lo spazio di gioco si interrompe. Ci sono segnali di inizio e di fine. Come nel teatro.

"Facciamo che...".

"Allora, tu sei questo e io sono questo" diceva il piccolo Matteo passandomi un pupazzo inoffensivo e poco più grande di un'unghia, mentre lui brandiva il grande gorilla Gormongus.

Manlio, indovina chi vinceva?

Lo spazio intermedio del gioco permetteva a Matteo di ribaltare a suo vantaggio il rapporto con un padre enorme, ingombrante, forse soffocante.

Esiste uno spazio intermedio anche tra i cani: il segnale di invito al gioco è una precisa comunicazione: tutto quello che seguirà da adesso in poi sarà "per gioco". E giù ringhiate, finte azzuffate, corsa dietro alla "preda".

Anche i re e le regine scappano

Il "facciamo che..." dei bambini è ripreso dai cani quando uno di loro scappa interpretando il ruolo della preda mentre altri lo rincorrono. Hai visto che il cane che scappa si muove esattamente come una preda, ha la schiena inarcata e le zampe dietro che, nella corsa, si intrecciano ad x con le zampe davanti, dà vita a una serie di scatti improvvisi, proprio come corre un leprotto inseguito.

Osserva due cani che non si conoscono: si avvicinano guardinghi, coda in aria. Si annusano l'un l'altro testa-coda per testare le intenzioni del rivale. Girano intorno a cerchio un po' di volte. Se tutto va bene, le code iniziano ad abbassarsi e le orecchie si rilassano. Il più audace dei due butta le orecchie indietro, si poggia sui gomiti e inizia a sventolare la coda. Salto con rotazione di 45 gradi del posteriore e il gioco inizia, uno dei due può iniziare a scappare e l'altro a rincorrere, si sono detti che tutto quello che succederà da quel momento in poi sarà "per gioco".

Nel nostro branco è proprio il re Aragorn che assume più frequentemente il ruolo di preda.

È interessante notare che i cani che occupano le posizioni gerarchiche inferiori non giocano a fare da preda.

Non sarebbe un gioco, sarebbe vero, quindi non sarebbe divertente.

I cani invece si divertono. Un sacco. E il re Aragorn si diverte a scappare e farsi rincorrere dai suoi sottoposti.

I larghi sorrisi delle pance piene

Manlio, mentre ti sto scrivendo i cani hanno appena finito di mangiare. Questo per loro è sempre un momento di grande allegria, da dedicare al gioco.

Come i lupi, che giocano dopo aver mangiato.

L'ho sempre trovato un fenomeno affascinante: forse gli etologi potrebbero spiegarlo con un calo di tensione dopo l'esito positivo della caccia, un momento in cui, dopo le asprezze del lavoro, dopo le questioni di vita o di morte, il branco dei lupi fa manutenzione dei legami. Questa è una spiegazione valida, che si articola su un piano unicamente funzionale. Mi piace pensare che dopocena i cani, e i lupi, si rilassino e si divertano con il gioco, perché giocare è bello.

I miei cani arrivano a turno vicino alla mia postazione di lavoro, si leccano i baffi e dondolano la testa in un modo buffo, si aspettano che io dica loro con enfasi: "Allora, era buona la pappa?".

E loro, tutti contenti, dondolano di nuovo testa e coda.

Poi si dedicano alla manutenzione dei legami.

Hai visto come ci guardano felici e fieri i cani dopo che si sono rotolati nella cacca? Noi assumiamo espressioni terrificate nel pensarli a casa con quell'odore addosso, ma loro hanno giocato al "predatore-che-copre-il-suo-odore-con-l'odore-della-preda-così-non-si-fa-beccare-mentre-caccia".

Donald Winnicott ha scoperto poi che la creatività ha origine in quello che lui chiama "*spazio intermedio*".

È attraverso un personale uso dello spazio intermedio che Shakespeare ha potuto scrivere l'Amleto.

Attraverso il "facciamo che...", attraverso lo spazio intermedio e potenziale, fondiamo la possibilità che la nostra creatività si esprima.

Il gioco del bambino, del cane e l'atto creativo dell'adulto hanno bisogno di essere delimitati, di vivere in uno spazio speciale intermedio tra fantasia e realtà. C'è bisogno di essere distolti dalle normali occupazioni, di delimitare un confine all'interno del quale la creatività possa esistere.

Manlio, sai che per scrivere o fare musica occorre entrare in uno specifico *mood,* una combinazione speciale e individuale di suoni, colori, odori, dei luoghi speciali, luoghi dell'anima ma sincronicamente fisici.

I cani valicano questo confine normalmente, entrando in questo spazio intermedio e potenziale diverse volte al giorno. E qui scatta l'annosa domanda. Lo faranno per motivi strettamente biologici? Sembra che il gioco, nell'uomo e nel cane, abbia un significato preparatorio: l'attività ludica sembra avere il compito di esercitare funzioni bio-psicologiche che saranno poi utilizzate nella vita adulta. Per tutto c'è una spiegazione organicista, funzionalista, pur sempre vera: accanto a questo posso dire di ritrovarmi a osservare quotidianamente che nessuno sa divertirsi come un cane.

Abbiamo ben presente la differenza nello sguardo di un cane che vive con la sua famiglia, lavora, interagisce con i suoi simili, e di un cane non socializzato oppure istituzionalizzato.

I volontari dei canili non si limitano a nutrire e accudire i cani, li fanno anche giocare.

Per loro come per noi il gioco è nutrimento.

Attraverso il gioco i cani formano e nutrono la loro mente.

I bambini come i cani crescono e formano la loro mente attraverso il gioco, imparano a regolare e modulare le emozioni e a socializzarle. Il gioco è la base dell'esperienza creativa e dell'empatia, della capacità di mettersi nei panni dell'altro.

Scontro di titani: cuccioli vs bambini!

Il gioco dei cani si svolge molto all'interno del tema predatorio, e questo è ovviamente coerente con la loro specie. Ora vediamo i possibili incontri tra i rispettivi modi di giocare di cane e bambino che, non sovrapponendosi totalmente, devono sempre essere mediati dagli adulti.

Cani e bambini non sono compatibili necessariamente, automaticamente, come una morale buonista vuol far credere, ma possono diventarlo, possono vivere una grande reciproca esperienza di vita, di crescita e di amore, a patto che un adulto responsabile crei le giuste condizioni, il giusto ethos, ambiente.

Res-ponsabile, appunto, un adulto che si metta a "pensare alle cose", senza dare per scontata un'interazione tra cani e bambini che scontata non è.

Vediamo.

Il tenero cucciolo è morbido, buono, affettuoso, giocherellone. È l'orsacchiotto della nostra infanzia dal quale non ci potevamo separare. È l'attaccamento sicuro, come un potente magnete attrae tutte le nostre proiezioni in materia di tenerezza, soddisfa i nostri bisogni, colma le lacune affettive, è come un ponte d'oro verso un mondo di fiaba dove tutti, proprio tutti i desideri di attaccamento e dolcezza vengono soddisfatti.

Questi sentimenti sono molto forti nei bambini e negli adulti; la differenza sta nella capacità (purtroppo non sempre presente) degli adulti di capire che il cane è molto altro, ha delle sue esigenze e una sua natura, che è quella di carnivoro predatore.

Il cucciolo infatti gioca da tenerone, ma anche da lupetto che inizia la scuola della predazione: morde, strappa, rincorre, abbaia, distrugge dilaniando tutto quello che gli arriva a portata di bocca. Il bambino per lui è compagno di giochi ma, a differenza dell'adulto, si muove in maniera inconsulta e improvvisa, è pieno di energia ed emette suoni striduli, come una preda quando viene catturata.

Il bambino, nel suo egoismo, pensa di poter fare quel che vuole del cucciolo, quando si stufa vuole cambiare gioco e sottomettere il cucciolo ai suoi voleri, come fa con i pupazzi. Il bambino non è cattivo o maleducato, è semplicemente un primate, una scimmia, anche se evoluta, quindi ha bisogno di rinnovare continuamente ciò che stimola la propria curiosità.

Un lupo e una scimmia cuccioli che interagiscono in uno spazio ristretto!

Il cucciolo può accettare di fare la parte del pupazzo, ma in questo caso subisce, e ciò lo renderà un cane sottomesso, ombroso, imprevedibile. Invece un cucciolo che non si sottomette e dà chiari segnali di volersi ritirare da attenzioni troppo pressanti, se ulteriormente stimolato fa quello che sa fare, usa la bocca.

Tragedia.

"Il mio cane morde i bambini, che devo fare?".

Gli umani adulti amano fare i giudici, avrebbero voluto fare tutti il concorso in magistratura, sono sempre pronti a dare ragioni e torti nelle dispute fra bambini e fra bambini e cani.

Nella mia vita ho incontrato rare coppie di genitori che accettassero il fatto che i bambini dovessero imparare ad autoregolare l'aggressività nella relazione sociale, intervenendo solo per evitare danni.

Evidentemente i genitori pensano di allevare figli che, se non venissero continuamente regolati dall'esterno, per indole sarebbero killer seriali. "Così fan tutti" per regolare i rapporti tra bambino e cane, creando gerarchie nelle quali il cane, se fa il cane, ha torto. Deve fare l'orso di pezza, "in fondo è stato preso per fare compagnia al bambino che aveva problemi a dormire da solo".

Così il bambino, che nel gioco pensava di trovarsi di fronte l'orsacchiotto da trattare a proprio piacimento, si trova una piccola tigre o un poveretto che si rifugia sotto il mobile cercando di sottrarsi alle angherie.

Il cucciolo, che invece pregusta la sua preda bipede e vorrebbe usare il bambino per arrotarsi le zanne, si trova di fronte a una serie di rimbrotti, punizioni ed emarginazioni. In sostanza, il bambino non riesce a fare fino in fondo il bambino e il cane non riesce a fare fino in fondo il cane.

Alla ricerca dello spazio perduto

Gli adulti devono essere così avveduti da tracciare dei confini netti di quello *spazio potenziale e intermedio* dove bambini e cani possano conoscersi e testarsi. Uno spazio-tempo che deve avere un inizio, una fine e delle regole, come ogni gioco.

Il rispetto si insegna rinunciando al giudizio, mettendo il bambino e il cane in condizione di autoregolarsi, modulando l'intensità dell'interazione e limitando gli eccessi che possono dar fastidio all'altro.

Nell'organizzare l'ethos, l'ambiente d'interazione, gli adulti umani devono rinunciare a un'ottica specista e mettere le due specie, cuccioli di cane e di uomo, su un piano di pari dignità, senza favoritismi. Con il passare del tempo l'interazione si fa sempre più "esperta" e allora possono trascorrere più tempo insieme e può aumentare l'intensità delle manifestazioni reciproche.

In casa ci devono essere zone in cui al cane non è permesso di accedere, così come il cane deve poter godere di spazi riservati, liberi da bambini, spazi che devono essere gelosamente rispettati.

Il cane ha diritto a un'interazione con gli adulti senza che i bambini siano per forza in mezzo. Tutte le fasi di accudimento, addestramento, cibo, devono essere *kids free,* in quel momento l'adulto è proprietà privata del cane.

Viceversa il momento della buonanotte al bambino, il giocare a pallone con il papà, la recita scolastica devono essere momenti liberi dal cane.

Chi non ha consapevolezza di queste necessità, oppure non ha tempo, voglia o spazio per organizzarsi in questo modo semplicemente non dovrebbe prendere un cane, oppure non dovrebbe fare figli, a scelta.

Il gioco è una cosa seria

L'addestramento per il cane non è solo un gioco; anche se si basa sulla motivazione creata dal gioco predatorio, non coincide tout court con il gioco. Per il cane l'addestramento è un vero e proprio lavoro che va reso piacevole, gioioso, al quale i cani vanno motivati, ma pur sempre un lavoro. Il lavoro è una cosa seria, sia per noi che per il cane.

Attraverso un lavoro ben fatto ci si procura da mangiare e si aumenta l'autostima e il senso soggettivo della propria capacità di stare al mondo in una maniera efficace e incisiva.

Sia per noi che per i cani.

Per questo l'addestramento deve essere sempre condotto dalla persona che il cane ha preso come riferimento, persona della quale riconosce autorevolezza. È raro che questa persona in famiglia coincida con il bambino.

Una famiglia voleva che il suo Border Collie venisse addestrato per forza dal figlio di 8 anni per nulla interessato; l'addestramento del cane era funzionale solo a impegnare il bimbo in un'attività, come le lezioni di chitarra o di inglese. Mi sono rifiutato, spiegando il perché, e loro non sono più venuti. Un cane non è paragonabile allo skateboard, una lezione di agility dog non è come una lezione di nuoto, che si può affannosamente accavallare con il dentista che ti regola l'apparecchio e con il catechismo.

Il cane ha i suoi tempi e la sua dignità, vuole una forte motivazione da parte dei bambini e degli adulti.

Per il rispetto e l'amore che nutro verso lo sport mi fa ribrezzo la pratica diffusa di permettere che i bambini passino da uno sport all'altro, accantonando lo sport scelto alla prima difficoltà per sceglierne un altro, per poi buttarlo di nuovo via.

Lo sport usa e getta.

I bambini in questo modo non imparano mai che nello sport il piacere si raggiunge attraverso la pratica, la disciplina, la fatica, il sudore. Alla prima difficoltà cambiano e i genitori li assecondano. D'altra parte a molti genitori non interessa che il bambino impari lo sport, ovvero impari a vivere, a loro interessa parcheggiarli. Coache e baby sitter in queste fantasie malate coincidono.

Quando tutto ciò avviene con l'agility dog e c'è di mezzo un cane, provo orrore per la strumentalizzazione cinica a cui il cane va incontro. Alcuni bambini invece, ben educati e consapevoli, amano fare sport con il proprio cane e vi si dedicano senza saltare da un impegno all'altro, con amore. È emozionante veder girare in agility un bambino o un giovane e vedere il rapporto che è stato capace di instaurare con il cane.

Caro Manlio, concludendo questo scritto sul gioco, il gioco

che nutre l'anima, il pensiero vola verso i miei due vecchietti, che all'inizio di questo dialogo abbiamo visto nella loro giovinezza correre felici e giocare con le maree sulle spiagge bretoni. Ora Birba e Merlino riposano in pace sotto la grande quercia.

Birba, 14 anni, e Merlino, 13 anni, giocavano con le stesse modalità di tanti anni prima. Se Merlino arrivava prima sul frisbee Birba gli piombava addosso e toglieva il giocattolo al fratello, che altre volte invece l'anticipava alla grande con il suo strapotere fisico.

Continuavano a nutrirsi del gioco, la mattina, quando il resto del branco si doveva far da parte per rendere loro l'onore che meritano, per conferire loro quello spazio esclusivo in cui potessero continuare ad avere una rapporto privilegiato con me.

Così, è possibile intravedere figure che prendono vita fendendo la bruma del mattino, sospese nella zona dell'aurora tra la vita e la morte.

Io e loro, tutti un po' più acciaccati, un po' sordi, con qualche dolore in più, con molto bianco e con molti ricordi in più.

Felici, ma un po' stanchi, giochiamo. Insieme. Tutte le mattine. Ancora oggi.

Come se fosse l'ultima volta. Come se fosse per sempre.

Giochiamo.

Le mattine al luna park

Caro Roberto,

ci sono mattine in cui alzarsi dal letto e sfasciare il sonno è un'impresa da eroe. Non che io ami particolarmente dormire, ma quando senti che fuori l'aria è stretta nell'abbraccio del gelo e la pioggia frusta la terra senza pietà, allora la tentazione ammaliante delle calde coperte è veramente irresistibile.

Ma Elrond è lì che mi guarda sul bordo del letto. Senza invadenza, senza venire a decapitare il mio sonno con zampate, abbai e musate, mi fa capire che ha voglia di uscire. Mi guarda con occhi liquidi e con scodinzolate talmente vigorose che sembra si sia alzato un maestrale nella camera da letto.

Mi segue in casa dappertutto. Anche in bagno. È lì che attende paziente, ma sento montare in lui la frenesia di varcare l'uscio di casa per andare nel Mondo. Quando è il momento di indossare la pettorina, la gioia diventa incontenibile. Senza fare paragoni irriverenti è come un bambino a cui allacci le cinture di sicurezza prima che cominci il giro sulle montagne russe.

Anche se tutta la notte ha trattenuto i suoi bisogni fisiologici non si cura di annusare i muri e le auto fuori e di alzare la zampa. Fila dritto in auto. Sa che quella "casa in movimento" lo porterà al "parco giochi". Questo rafforza la mia idea che al mattino lui non mi chiama per andare al bagno, ma per andare a divertirsi.

Una volta arrivati al campo è tutto un correre, saltellare, inseguirci a vicenda. Elrond ha stretto con me e mia moglie un legame ludico che lo porta anche a disinteressarsi dei suoi simili pur di giocare con noi. E così il gioco del cacciatore-preda sembra che prediliga farlo con noi, piuttosto che con altri cani. Forse perché sono più lento di qualsiasi altro cane, Chihuahua e Carlino compresi, e ha vita facile!

Quando torna a casa, ci fa capire che è ora della pappa. Musate al sacco delle crocchette e si va a sedere nella zona ciotola. E attende impaziente. Dopo aver divorato tutto alla velocità di un prigioniero di guerra che non tocca cibo da mesi (o forse vuole semplicemente battere qualche record immaginario nella sua testa) finalmente si rilassa – in questo colgo una netta differenza con i tuoi cani che si attivano nel dopo pappa – e spegne i suoi motori felice e tranquillo.

Un cane che ha giocato/lavorato mi sembra un essere appagato. Ed è un consiglio che spesso do a quelle persone che mi chiedono come gestire i proprio amici a quattro zampe che appaiono iperattivi e sempre eccitati: fateli giocare. Ma non semplicemente per stancarli, piuttosto per canalizzare in modo positivo la loro energia e placare in modo sano la loro contagiosa "voglia di fare".

Un cane chiamato Sioux. Forse

Quello che mi intristisce al di sopra di ogni cosa nel rapporto uomo-cane è proprio la mancanza di considerazione che noi riserviamo al momento ludico con il nostro amico. Ci annoiamo di varcare i confini della "terra di mezzo" (quello che tu hai chiamato, mutuandolo da Winnicott: "spazio intermedio") e ci limitiamo a dargli solo nutrimento per la pancia e una toilette naturale dove far sì che i suoi bisogni fisiologici trovino compimento. Triste!

Qui dove abito non vedo una persona giocare col proprio cane. Quello che ci si avvicina di più è un signore anziano che ogni mattina e pomeriggio porta al campo sportivo il suo Pastore tedesco di 11 anni, minato, come spesso mi capita di vedere per questa razza, da una forte displasia dell'anca.

L'uomo dai pochi capelli bianchi si va a posizionare sulla parte alta delle gradinate della tribuna, mentre il pastore (il cui nome mi pare sia Sioux, ma dopo due anni ancora non ne sono certo perché il suo padrone per chiamarlo emette come un richiamo primitivo, una via di mezzo tra un orco di Tolkien e il rauco borbottio del nonno di Heidi) si va a disporre in un fossato recintato che dà sulla strada.

Da quel momento, per circa un quarto d'ora, il Pastore tedesco rincorre – virtualmente, visto che non può superare la rete metallica dietro cui è confinato - tutte le auto che sfilano sulla strada, correndo come un ossesso a destra e a sinistra. Ormai ha fatto un solco che è come una trincea tedesca della prima guerra mondiale. Finito il "gioco", l'uomo richiama con tono incazzato il cane e lo porta via. Entrambi lenti e, forse, soddisfatti.

Per il resto, quei pochi cani fortunati che almeno escono dalla prigione/giardino a cui sono condannati, sono solo cani portati a spasso come delle escrescenze del braccio umano a cui sono legati da un guinzaglio che unisce la mano umana e il collo canino.

Io non mi limiterò mai a far semplicemente "uscire" il mio cane. Certo ha bisogno di annusare le deliziose pipì altrui, sente la necessità di esaminare – neanche fosse un esperto del Ris – ogni reperto di feci lasciate per strada e si "realizza" nell'ungere coi suoi getti dorati alberi, piante, pneumatici, cartoni, per lasciare il suo segno da dominatore delle strade. Lascio che abbia tutto il tempo di fare questo, ma le sessioni di gioco quotidiano sono per me altrettanto fisiologiche.

Non c'è nulla di più bello che vedere un cane "sorridere" felice mentre lo rincorri (sì a Elrond piace fare la preda) o quando gli lanci cento volte la pallina e lui – come se fosse la cosa più divertente del mondo – va a prenderla al volo e te la riporta. Si divertono con poco i nostri amici cani. Non devi scervellarti davanti alla tv a capire quale videogame comprare loro o quale sia l'accessorio mancante di Barbie. Basta una pallina, o anche un legnetto, uno straccio e lui è lì che sbava (si fa per dire) di gioia.

Guerra è pace

E che dire dei cani che giocano a fare la lotta?

Da te, Roberto, ho imparato a guardare alla lotta simulata tra cani come a un momento affascinante del gioco delle parti che loro sanno interpretare meravigliosamente.

Tutta quella danza di morsi a vuoto, di saltelli, di improvvise accelerazioni, di sottomissioni e salti in groppa all'altro, di ringhiate innocenti è come una coreografia della felicità, della voglia di stare insieme.

Quando capita che un mio amico viene a trovarci a casa accompagnato dal proprio quadrupede, c'è sempre un momento della serata in cui tutto si sospende e si viene rapiti dallo spettacolo di wrestling domestico tra cani. È gioco puro che riscalda il cuore e dipinge sorrisi ebeti sulle nostre facce sorprese.

Ma non tutti i "proprietari" di cani hanno questa predisposizione a godere dello spettacolo naturale di due cani che si azzuffano per amor di gioco.

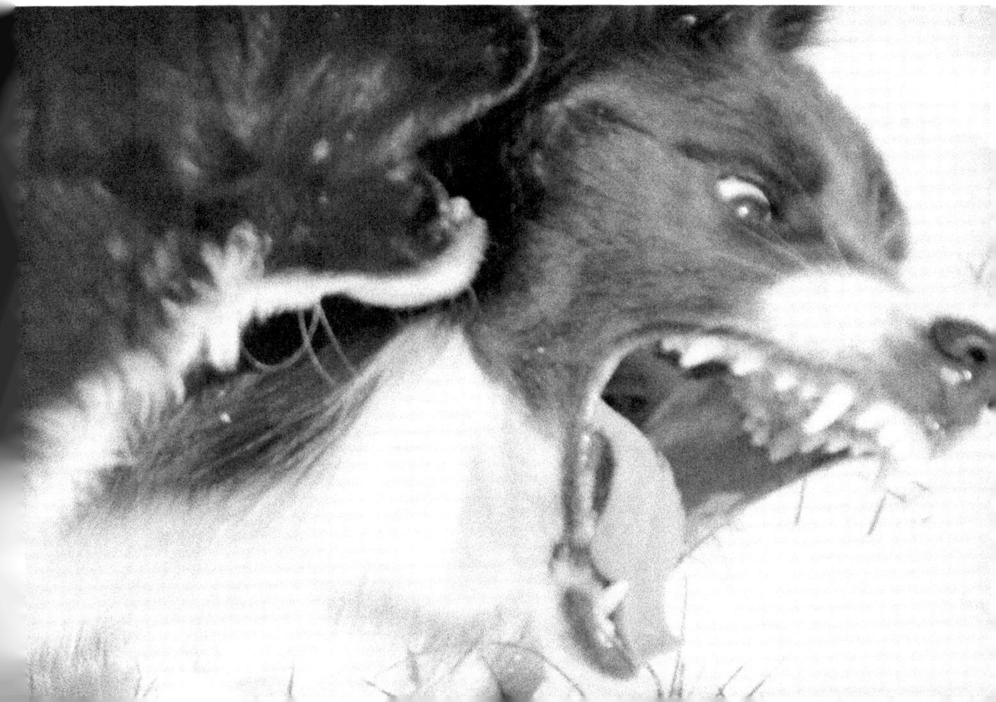

Ho visto facce di donne e di uomini fino a un secondo prima gioviali e luminose diventare improvvisamente terree quando un cane fa per avvicinarsi al proprio "peloso". A prescindere da eventuali segnali calmanti che i due quadrupedi si inviano, questi esseri umani temono l'incontro/scontro tra cani come l'arrivo dell'anticristo e impediranno con tutte le loro forze il contatto del "loro" protetto con qualsiasi altro. Si irrigidiscono, tirano il guinzaglio (i più gravi solleveranno da terra il loro piccolo amico – certo non parliamo di un Alano o di un Mastino napoletano – per metterlo in salvo nell'abbraccio/fortezza), urlano contro di te affinché non superi la distanza di sicurezza, scappano il più lontano possibile e così via.

Ho visto anche un paio di ragazze sconvolte da crisi isteriche e quasi arrivare alle lacrime nel momento in cui il loro cane stava per azzuffarsi (non importa se per gioco) con un altro. Certo io capisco la paura di vedere il proprio amico tra le fauci pericolose di un nemico, ma è irritante pensare che ci saranno cani che non conosceranno mai il piacere di un sacrosanto *rough-and-tumble* (come lo hai giustamente definito tu, Roberto).

6.

Cani che odiano i bambini

Caro Roberto,

è così vero che cani e bambini sono fatti gli uni per gli altri? È così scontato che quell'essere che ai nostri occhi resta sempre "infantile" (il cane) abbia una naturale predisposizione a riconoscere il cucciolo di uomo come un essere da amare, da rispettare e con cui condividere la spensieratezza dell'età dell'innocenza?

Più conosco i cani, più mi accorgo che il sentimento che lega i quadrupedi nostri amici ai bambini è la semplice e benedetta sopportazione! Vedi mai i Griffin? Hai presente il rapporto tra quel demonio dalla testa ovale di Stewie e l'elegante cane parlante dall'aplomb inglese Brian?

Ecco più o meno a cosa penso quando immagino una relazione bambino-amico a quattro zampe. Brian asseconda e capisce Stewie e purtroppo ne subisce spesso le angherie, le minacce e i maltrattamenti. Stewie esprime la rozzezza e la perfidia dell'uomo, Brian è il più raffinato della famiglia, pur essendo "solo un cane". Ah, quanta verità c'è nei cartoon irriverenti americani!

Ne sono certo: se i cani potessero, farebbero di sicuro a meno dei nostri piccoli esseri umani, autentiche spine nel fianco della loro naturale pazienza. Io stesso ho assistito a scene di "ordinaria follia" in cui sono coinvolti i soliti carnefici (i bambini) e le solite vittime (i cani, specialmente di piccola taglia).

Scene di ordinaria follia: il bassotto e il diavolo biondo

Ti posso raccontare dell'esperienza della mia piccola cugina N. e del suo Bassotto Toy di nome Ludovica. La bambina ha 4 o 5 anni. Il cane sottile e lungo è da poco entrato nella famiglia. Sembra una topolina, dal muso lungo e dagli occhi grossi. È impaurita. Una nuova casa, lontana dalla sua cucciolata. Ma il peggio deve ancora arrivare. Il peggio si manifesta nella forma, all'apparenza rassicurante, di una bella biondina dagli occhi azzurri con le bracciotte morbide e guance rosee.

N. si avvicina a Ludovica e la prende in braccio. Sembra voglia coccolarla. E inizialmente è così. Solo che dopo un po' la scaraventa sul divano come se fosse una bambola di pezza. Inorridisco! E dire che allora non avevo nemmeno lontanamente questa inclinazione al mondo cinofilo che oggi invece mi riempie la vita.

Da quel primo lancio sul divano ho poi visto praticamente ogni giorno – in quel periodo trascorsi un mese come ospite in quella casa – situazioni degne delle migliori sequenze di Tom e Jerry. La mia cuginetta che rincorre la

povera cagnolina per l'appartamento, ridendo come un'ossessa, mentre Ludovica scappa impaurita e grazie al suo esile corpo riesce a infilarsi spesso in anfratti irraggiungibili per le braccia paffute ma tentacolari. A volte, però, la fuga non riesce e N. si impossessa del cane per la coda! La afferra come se fosse uno straccetto. Tortura le sue lunghe orecchie usandole nei modi più perversi. La cagnolina subisce senza reazioni se non dandosela a gambe (anzi a zampe) levate.

Ora N. è una ragazzina intelligente e amante dei cani e Ludovica una cagnolina avanti con gli anni, ma è rimasto in lei una diffidenza verso l'essere umano e una certa "schizofrenia" indotta da un periodo memorabile di "torture" infantili. Ora non fraintendermi, Roberto, detto così sembra che sia stato seviziato il cane. Niente del genere, per carità. Anzi è adorato in casa. Ma certo ha subito un trattamento da "bambolina" inerte che sicuramente non meritava.

Un cane: facciamogli la festa!

A volte quando sono fuori con Elrond e vedo un bambino che si avvicina comincio a entrare in fibrillazione. Più che altro perché conosco il temperamento del mio cane e so che, se anche non ha mai dato segno di insofferenza evidente verso i mini-umani, di sicuro non è di quegli esemplari che si lascia fare di tutto in completa soggezione. Posso quasi leggere nella mente di Elrond il suo disappunto in quei frangenti. Mi guarda con quell'aria che sembra dire: "Capo, mi liberi da questi pazzi?!".

Mi è capitato per esempio a una festa di compleanno di un mio amico. Ho portato anche Elrond. Il salone è pieno di bambini urlanti. Un caos infernale. Dopo non molto il mio cane è diventato il centro gravitazionale del party. È bastato qualche "numero" dei suoi (basta poco di solito: anche un "seduto" e un "terra" disegnano espressioni da ebete sui volti e una mandibola cadente a chi non è abituato all'idea che un cane possa avere un minimo di educazione di base) e tutti sono stati conquistati. La timidezza iniziale dei bambini è stata vinta – "in fondo un cane che ascolta i comandi non può essere un assassino": questo è quello che pensano tutti. Così si sono avvicinati. Prima i più spavaldi, poi i gregari. E hanno cominciato ad assalirlo con le loro carezze, delicate come un cazzotto di Cosa (l'uomo di pietra dei Fantastici 4) e con i loro assordanti schiamazzi. C'è chi rideva così forte nell'orecchio peloso di Elrond che pensavo lo scopo fosse quello di fargli arrivare nello stomaco le proprie onde sonore. E qualcuno gli ha anche pestato – certo inavvertitamente – la coda.

Non ho resistito a lungo. Ho potuto sopportare quell'invasione della sua privacy per poco più di 5 minuti. Poi ho raccolto l'invito silenzioso alla liberazione che mi stava lanciando e scusandomi con tutti ho abbandonato quella festa infernale (dal punto di vista di Elrond).

Insomma, non tutti i bambini sono attentatori alla salute mentale (e a volte fisica) dei nostri cani, ma la loro incapacità di "trattare" con gli animali li porta a ignorare totalmente un comportamento di rispetto nei loro confronti. So che non è colpa dei bambini: se a loro nessuno insegna il linguaggio degli altri, non possono non vivere nella incomunicabilità. Se nessuno fornisce loro le basi della relazione uomo-cane il loro modo di avvicinarsi sarà sempre o troppo guardingo e pauroso o troppo invadente e aggressivo. Con possibili fraintendimenti e talvolta nefaste conseguenze.

E quando penso a conseguenze tragiche di questo rapporto sbilanciato tra piccoli esseri umani e cani è come se vedessi tutto attraverso la scena di un film e rabbrividisco. Prova a immaginare Roberto...

Dog horror story

ESTERNO GIARDINO DI UNA VILLETTA – PRIMO POMERIGGIO

L'aria è elettrica. Nubi gonfie e pesanti si trascinano lente come animali al pascolo dentro un cielo silenzioso. Tutto tace.

In giardino c'è il piccolo Luca (tre anni) che sta giocando con una macchinina.

Dalle parti del cancello il grosso cane Stark perlustra l'entrata, muovendosi come una sentinella attenta.

INTERNO VILLETTA

Intanto in casa la madre di Luca sta rifinendo la sua acconciatura davanti allo specchio e il marito è seduto in poltrona: guarda in tv gli highlight di una partita di calcio giocata qualche ora prima. Distrattamente dà una occhiata all'orologio. Sente il cane abbaiare. Un abbaio nervoso e carico. Sembra non farci troppo caso, forse ci è abituato. Poi un altro suono attira la sua attenzione. Come un lamento, un grido. Anche la moglie entra in salotto.

DONNA

Cosa è stato? Luca è fuori?

UOMO

Sì, sta giocando... c'è Stark con lui.

Si guardano e si precipitano fuori.

ESTERNO GIARDINO

Quando l'uomo e la donna arrivano in giardino quello che vedono li paralizza. Stark sta attaccando loro figlio. La sua grossa testa di molosso ha coperto del tutto quella di Luca. I suoi denti grossi scintillano sul collo del piccolo. Il sangue schizza dappertutto e lembi di carne rosea volano in aria come macabri coriandoli.

Le urla di lei squarciano l'aria e si confondono al ringhio brutale del cane. Il marito è già sull'animale e prova a tirarlo via. Le braccine del piccolo sventolano priva di forza, come gli arti molli di una bambola di pezza. Il cane non si stacca. La donna sviene, dopo un ultimo grido in cui si sentono distintamente solo le parole "il mio bambino".

Il marito chiede aiuto. Si precipitano due vicini dentro il giardino. Uno di loro cade rovinosamente nel tentativo di affrettarsi. Colpiscono il cane con una mazza, ma questo sembra incattivirlo ancora di più.

Il collo del bambino è straziato, la sua faccia una maschera di sangue priva ormai di vita.

Mi fermo qui Roberto. Mi libero di queste immagini con una scrollata di pensieri. Non mi piace immaginare scene del genere, però questa storia è accaduta, accade, potrebbe accadere e bisogna esserne coscienti. Non è un problema di razze pericolose o di cani aggressivi in particolare, io credo che bisogna essere consapevoli che i nostri splendidi e fedeli amici non sono pesciolini rossi dotati di maggiore intelligenza, ma sono animali con una loro specificità e una loro indole, con tanto di idiosincrasie e di "issues" (per dirla all'americana).

Certo non bisogna arrivare all'eccesso di chi dice (e ce ne sono tanti) con una faccia sorniona da filosofo dell'ultima ora: "Sono sempre animali, come fai a sapere che passa per il loro cervello". La sento così spesso questa frase che ormai ho smesso di replicare. C'era un tempo in cui mi innervosivo di fronte a questa palese ingiustizia nei confronti del cane: incolpato, tra le righe quando non direttamente, di essere una mina vagante o un pericolo latente, solo perché noi non facciamo nessuno sforzo di capire un "linguaggio" diverso dal nostro.

Eccesso mostrato anche da un mio amico regista e scrittore molto famoso (ma non farò il nome) che ha una bambina piccola e una sera a cena mi confessò che non avrebbe mai preso un cane perché "sarebbe come mettersi un pericolo in casa". Il solo pensiero di avere un animale nello stesso ambiente con la sua piccola figlia lo faceva rabbrividire. “Ma chi me lo fa fare a vivere nella preoccupazione che un giorno questo impazzisce e si avventa contro mia figlia?! È come chi si mette la piscina in giardino. Un attimo di distrazione e tuo figlio ci cade dentro. Vale la pena rischiare così? Mia figlia è la mia vita, quando sarà più grande vedremo”. Io gli rispondo ironico: “Per la piscina o per il cane?”. Lui: “La piscina”. Sorrido disperato.

Caro Manlio,

proprio prima di mettermi a scrivere – mentre mi trovo a Macerata reduce da un impegno universitario – mi cade l’occhio su *Il Resto del Carlino* di oggi, 11 marzo 2013, edizione locale. Il titolo recita così: “Bambino azzannato dal pitbull dello zio: una gamba dilaniata”.

> *Fermo, 11 marzo 2013 - UN BIMBO di sei anni di Porto San Giorgio è stato aggredito dal pitbull dello zio, mentre andava dalla bisnonna. È accaduto l’altro ieri quando il piccolo, insieme al padre, alla madre e alla sorellina di un anno, è andato, come fa spesso il sabato, a trovare i parenti nella loro casa di Altidona, un paesino della provincia di Fermo. I quattro, per raggiungere la porta dell’abitazione, hanno superato il cancello e poi attraversato il piazzale antistante l’ingresso. Una volta suonato alla porta e salutata la bisnonna, la madre e la sua figlioletta sono entrate in casa, mentre il padre e il bambino sono andati al bar a cercare lo zio e il cugino del piccolo. Dopo una mezzoretta, sono tornati, ma questa volta hanno trovato il pitbull, che ha cominciato a girare intorno al bambino per poi azzan-*

narlo alla caviglia e al polpaccio. A quel punto il padre del piccolo, per salvarlo dalla furia del cane, lo ha preso in braccio, ma l'animale non ha mollato la presa e ha continuato a mordere la gamba del bambino, dilaniandola. C'è voluto l'intervento della moglie del padrone per calmare la furia del pitbull e per evitare il peggio. Il bimbo, dopo essere stato trasportato al pronto soccorso di Fermo, è stato trasferito d'urgenza all'ospedale pediatrico «Salesi» di Ancona, dove è stato sottoposto a un delicato intervento per salvargli la gamba.

Manlio, per risponderti vorrei provare a vedere come sono andate le cose, ma attraverso gli occhi del cane: potrà essere più esplicativo di tanti concetti.

Io, Pitbull

"Siepe destra, siepe sinistra, cancello... Siepe destra, siepe sinistra, cancello... Su e giù per ore e ore, tutti i giorni della mia vita... il giardino, il mio territorio, la mia casa, il mio dovere. Nessun intruso metterà il naso qui dentro, forse è questo quello che vogliono da me. Esco raramente, quasi non ho ricordo di cosa ci sia la fuori. Ricordo vagamente che quando ero cucciolone mi portavano in un posto dove c'erano altri cani, persone che tiravano palline e agitavano una corda che io potevo mordere e strattonare.

Mi davano la corda da mordere dopo che avevo fatto il "seduto", ci vuole poco per vedere felici gli umani, mi divertivo anch'io. Tanto. Poi più nulla.

Mangio regolarmente, ho una cuccia di legno per ripararmi se piove, ogni tanto mi portano da un signore un po' sbrigativo che mi infila una siringa e poi scrive delle cose su un libretto in un posto dove impera la penetrante puzza di disinfettante e l'inconfondibile odore che viene lasciato dalla paura degli altri cani. Io sono un cane forte, non ho paura, sono un cane fortunato.

Non entro mai in casa. Da lì vengono odori buoni, di cucina, di legna, di camino, gli odori dell'amore. Ma i cani devono stare fuori, in casa danno fastidio. In fondo è vero, non mi posso togliere le scarpe che calpestano terra e sporcizia, come fanno gli umani. Poi ogni tanto faccio la muta e perdo pelo, i miei sono corti, ma li perdo. La casa non è un posto per cani. Se mi lasciano fuori tutto il giorno evidentemente hanno le loro buone ragioni. Noi cani non discutiamo mai quello che dispongono i nostri umani. E poi, se mi lasciano fuori, sarà per non farmi sporcare la casa e per farmi fare il mio lavoro, difendere il giardino.

Siepe destra, siepe sinistra, cancello... Siepe destra, siepe sinistra, cancello... fuori i nemici che non devono entrare, almeno così mi hanno fatto capire, devo difendere il territorio, mi sembra chiaro, visto che non posso muovermi da qui una buona ragione pur ci sarà e io, che sono un cane, non mi devo fare domande.

Siepe destra, siepe sinistra, cancello... Siepe destra, siepe sinistra, cancello...

Allarme, intrusi! Le mie ghiandole surrenali producono l'ormone dell'eccitazione, sono pronto a difendere il giardino a costo della vita, tutto o nulla, attacco o fuga, ma un cane come me non fugge, mai! Sto cambiando odore, gli umani stranamente non se ne accorgono, ma anche loro cambiano odore quando sono spaventati, ed è lo stesso odore di quando sono arrabbiati, quindi per me spaventati o arrabbiati è lo stesso, basta che non entrino nel mio giardino.

Ah, ok, nessun problema, un essere umano di quelli con la voce stridula e che odorano di estrogeni sta entrando con l'essere umano sempre stridulo ma dall'odore strano e di dimensioni più piccole che tiene in braccio. Ci sono anche altri due umani, un altro di quelli piccoli, striduli e scattosi e uno più grande, che ha la voce più profonda e odora di testosterone. Due entrano dentro casa, mentre quello che odora di testosterone e il piccolo stridulo escono dal cancello dopo essere entrati. Indecisi. Bizzarri. Meglio così. E comunque sono scortati dalla padrona, quindi non c'è problema, devo lasciarli passare.

Non so perché non chiudono a chiave il cancello ma non è un mio problema, io sono il cane di casa e devo sorvegliare il giardino, il resto non mi riguarda.

Certo che gli esseri umani piccoli sono molto strani, hanno quelle vocine stridule da preda e infatti si muovono come prede, a scatti, veloci, imprevedibili come una lepre che corre e improvvisamente scarta. La preda emette quei suoni striduli quando sta per essere catturata e poi quando viene azzannata, io sono un carnivoro predatore e quei gridolini striduli mi mandano ai pazzi, eccitazione a palla, quando li sento devo mordere, catturare.

Un rumore insolito mi distrae dai miei pensieri: è il cancello! Ehi, chi si permette di entrare senza il consenso dei miei umani? Via con le surrenali, via con l'odore della rabbia, sto per ingaggiare una lotta, ma solo se i segnali comportamentali degli intrusi mi spingeranno a farlo, altrimenti dovrò solo tenerli fermi in attesa dell'arrivo dei miei umani.

L'umano piccolo mi inquieta, sono i più pericolosi e imprevedibili, fammi andare a vedere... gli giro un paio di volte intorno per sincerarmi delle sue intenzioni e come in un lampo lui inizia a squittire come uno scoiattolo appena catturato, io mi gaso e accelero il giro che gli sto facendo attorno per non farlo avanzare, fino a quando, con mia sorpresa, l'umano più grosso fa un gesto inatteso, come quello dell'addestratore che roteava la corda vicino al mio muso di cucciolone: prende l'umano piccolo e lo solleva mentre questo si dimena e urla come un animale ferito... E vvvvvai, giostra, questo sì che è un dono che spezza la monotonia, un piccolo umano urlante entra nel mio giardino e viene agitato come una corda... siiiiill, è mio! Ora che ho acchiappato saldamente tra le mie fauci l'umano piccolo, l'umano grande gioca al tira e molla, proprio come faceva l'addestratore.

I Pitbull come me hanno il loro orgoglio, siamo stati progettati per azzannare e non mollare la presa, e io non mollo. I miei umani saranno fieri di me! Cosa? È uscita di corsa la padrona urlante... cosa ho fatto di sbagliato? Non capisco... però sarà bene che io molli... agitazione, urlano tutti... ce l'hanno con me? Perché? Mah, io intanto vado in cuccia, gli umani hanno spesso dei comportamenti imprevedibili e irrazionali, sarà come al solito, valli a capire...

La mattina dopo siepe destra, siepe sinistra, cancello... Siepe destra, siepe sinistra, cancello... Ehi, si esce, evviva! Si monta in macchina, si arriva da quel signore sbrigativo che usa la siringa, dove c'è il fetore della paura... vabbè, meglio che niente. Come fa ogni tanto, l'umano sbrigativo prende la siringa e la infila nella fialetta. Poi tornerò a casa, nel mio giardino, quel piccolo regno che riesco a difendere sempre in maniera impeccabile.

Non so leggere, come tutti gli altri cani, così mi "godo" l'iniezione, pur di uscire, pur di essere manipolato, pur di stare con i miei umani, e quindi non mi preoccupa che sulla fialetta ci siano dei piccoli segni, forse gli umani leggono proprio quella roba lì, quei piccoli segni... Ecco, quelli della fialetta sono disposti più o meno così: TANAX"...

Ecco, Manlio, sono consapevole di soffrire di una strana forma di psicopatologia della quale io stesso non sono mai riuscito a trovare il nome: leggo curiosamente quasi tutto quello che mi capita a tiro. Quando spargo nella cassa parto i fogli di giornale per raccogliere la pipì dei cuccioli mi capita di bloccarmi a leggere notizie vecchie di un anno.

Così, inevitabilmente, l'occhio mi cade sull'altro articolo, di una settimana prima, ma ad arte riesumato dal giornalista in evidente carenza di spunti creativi per far vedere quanto siano pericolosi i pitbull.

Come se non bastasse, la stessa pagina di giornale sfodera la foto di un pitbull colpito a morte, steso tra due macchine in un lago di sangue. Un ineffabile redattore ha evidentemente pensato di riesumare un fatto vecchio di una settimana, utile a convincere chi forse non ha afferrato bene il messaggio.

Una Beretta 70 per l'ispettor Pampurio

L'ulteriore articolo recita così: Pitbull azzannano un cane, un agente spara e li uccide. *Panico in centro.* I due mastini sono fuggiti da una villa e hanno aggredito una signora che portava a spasso il suo meticcio.

> *Fermo, 5 marzo 2013 - Due pitbull sono fuggiti questa mattina, verso le 9.30, da una villa e hanno azzannato il cane di una signora tenuto al guinzaglio. Sono stati momenti concitati, fra le urla della donna e l'impotenza dei passanti, fra via Mascagni e via Trento. Poi a intervenire è stato un agente di custodia che abita nei paraggi e che ha sparato uccidendo uno dei mastini.*
> *L'altro cane è stato catturato poco lontano e consegnato ai veterinari del servizio Asur ed è successivamente morto a causa delle ferite: quattro in tutto i colpi di arma da fuoco esplosi dall'agente. Sembra che i cani, inferociti, stessero per aggredire anche la donna, che se l'è cavata con un grosso spavento.*

Vediamo cosa potrebbe essere successo.

"Tutte le mattine, metodico, sempre alla stessa ora. Meriterebbe di morire solo per la pignoleria sua e di quell'umana che se lo porta a guinzaglio. Sempre, dico sempre, passa sul marciapiede del mio giardino e marca il territorio come se fosse suo. Gli spruzzi di urina di quel cagnetto non li sopporto. Sono una provocazione. Ma il giorno che lo piglio giuro che lo faccio secco. Qui non ci sono mai diversivi, io e Nathan non usciamo mai. Anche Nathan s'incazza, più di me. Facciamo una corsa per beccarlo ma poi troviamo sempre quel maledetto angolo di rete che ci ferma e lui si allontana, indisponente, con quel guinzaglino rosso che glielo farei ingoiare.

Ma perché non passa sull'altro marciapiede? Io e Nathan non usciamo mai, abbiamo la consegna di difendere il giardino, vediamo il mondo attraverso le maglie di una rete, è un mondo nemico.

Quel bastardo di un meticcio è sopravento, sento distintamente l'odore, si sta avvicinando anche oggi, già mi girano le palle. Nathan è più nervoso di me, non ci sta a essere provocato così apertamente. Quando poi il sole inizia a battere sul muretto sporco dell'urina di quel bastardo di un meticcio il suo odore si sparge per tutto il giardino. Quell'odore penetrante e invadente mi rende la vita insopportabile.

Nathan oggi è fuori di sé, è più giovane di me di due anni e ancora non riesce a sopportare che la nostra vita si svolga in questo giardino, quest'angolo di mondo.

Vedo Nathan saltellare sulle zampe anteriori, il meticcio sta per arrivare. Nathan è quasi impazzito, raspa furiosamente con la zampa, un colpo di muso ed è fuori.

È fuori.

Hanno chiuso male il cancello.

Siamo fuori.

Accelero con quanto più forza posso e seguo Nathan che è

già sul meticcio. L'umana che è con lui urla come un'ossessa e noi ci eccitiamo ancora di più. Finalmente ora potremo fare i conti, vediamo se ora di fronte a noi, senza la protezione di una rete, quel bastardo di un meticcio ha il coraggio di alzare quella sua zampina insipida e di pisciarci in faccia, come fa tutte le mattine".

La versione umana della storia la immagino così:

> "*... Sento urlare nella piazza, è una signora, forse la stanno rapinando. Mi viene un tuffo al cuore, è la mia occasione, posso far vedere quanto valgo. Son finito a fare l'agente di custodia perché zio Beppe conosceva il capo delle guardie, andavano a caccia insieme e io da bambino li accompagnavo.*
> *Sono sempre stato affascinato dalle armi. Zio mi permetteva di sparare, ma non alle prede che loro avrebbero messo in tavola, non volevano rischiare di perderle. Fagiani, starne, a quelle sparavano loro. Alla fine della mattinata mi facevano sparare agli uccelli che non servivano a nulla, merli, passeri, cince. Su di loro mi potevo esercitare e quando li beccavo con la fucilata praticamente esplodevano e non ne rimaneva quasi nulla. Non li mettevamo a tavola, ma zio Beppe e il capo delle guardie mi facevano un sacco di complimenti, e io ero fiero di saper usare il fucile.*
> *Diventato grande non mi perdevo un solo film poliziesco, sognavo di essere uno di quelli che salvano la gente e ammazzano i cattivi, a pistolettate, a fucilate. Come i passerotti.*
> *Al concorso in Polizia mi hanno trombato, ma grazie all'amico di zio Beppe sono stato preso negli agenti di custodia. Certo che il carcere è noioso, non succede mai nulla, non come nei film americani dove nelle carceri c'è*

violenza, ci sono le rivolte da sedare, si menano le mani e si spara. Io al lavoro mi annoio. Si spara solo al poligono, una volta ogni morte di papa. Così in una frazione di secondo ho pensato che fosse giunto il mio momento, sventare una rapina, sparare per strada, magari far secco un figlio di puttana.
L'arma la tengo sempre pronta, la mia Beretta 70, calibro 7.65, tolgo facilmente con il pollice destro la sicura a leva e faccio scorrere il carrello all'indietro, colpo in canna, il rumore del carrello che scorre e l'immagine del proiettile long rifle 9 x 17 mi eccita.
Ma ora non è il momento, soffoco la mia erezione, c'è una persona in pericolo. Mi precipito per strada con l'arma in pugno e trovo una zuffa tra cani. Che delusione! Porca puttana, il Clint Eastwood dei poveri! Che sfiga! Beh, non importa, la signora che urla come una pazza potrebbe essere aggredita, poi ci sono due pezzi di merda di Pitbull, chi si fa un cane così è sicuramente un delinquente, quindi non merita nulla, né lui né i suoi cani.
La zuffa avviene tra due macchine parcheggiate, però c'è abbastanza spazio, mi avvicino e tiro una "botta" in testa al primo Pitbull, il secondo, spaventato, corre via ma non mi sfugge, gli sparo, due "botte", guaisce, scappa, l'ho preso. Come i passerotti.
Poi mi rivolgo verso il Pitbull che agonizza per terra in un lago di sangue e gli tiro un'altra "botta" dritto dritto sul cranio. Non lo manco. Sono un tipo pietoso, non volevo farlo soffrire. Sorge nella mia mente, insopprimibile, la musichetta di "Per un pugno di dollari" di Sergio Leone. Un Clint Eastwood monumentale, un mito. Andai a vederlo da bambino in seconda visione, mi ci portarono lo zio Beppe e l'amico capo delle guardie".

"Mentre ci azzuffiamo con il meticcio sento un botto enorme, mi spavento, vedo Nathan che cade con il sangue che si impasta all'asfalto sporco... faccio appena in tempo a vedere i suoi occhi fissi e la bocca che cerca disperatamente aria, la lingua distesa e piena di bava... che succede a Nathan?

Come ha potuto il meticcio combinare questo casino? E quel botto? Scappo, e mentre corro sento un altro botto e istantaneamente un bruciore sul fianco sinistro, poi un altro ancora, ma continuo a correre... il bruciore diventa un dolore acuto, lancinante, insopportabile... mi rifugio dietro una macchina, fa male, tanto male... ma come ha fatto quel meticcio a beccarmi così a distanza? Ma che razza di cane è? E quei botti? Cos'erano? A capodanno non mi hanno fatto così male. Ora arrivano degli umani, mi guardano, mi passano un laccio intorno al collo, ma perché? A che serve?

Non riesco più a muovermi, mi sento sempre più leggero, intorno tutto si fa bianco e lontano... ma quanto era forte quel bastardo di un meticcio?".

Caro Manlio, ho la presunzione di pensare che queste pagine, le tue e le mie, parlino da sole, che non abbiano bisogno di un dotto e pedante commento, tanto è evidente che gli incidenti sono sempre creati dall'ignoranza umana, da uomini piccoli piccoli che si ritengono il centro del cosmo e non si degnano di imparare il linguaggio minimo che serve per rapportarsi a un'altra specie con la quale convivono.

Cani allevati per la guardia vengono tenuti in giardino, senza la minima possibilità di uscire e socializzare, senza aver fatto corsi di addestramento che permettono di tenere sotto controllo il loro comportamento e permettono al cane di raggiungere equilibrio psichico.

I cani nei casi che abbiamo visto non dispongono di un loro box, ovvero di uno spazio riservato in cui riposare quando non sono in attività, ma vengono fatti vagare liberamente per il giardino: ciò sembra assolvere la coscienza dal fatto di non portarli mai fuori e fornisce all'umano l'impressione che il cane sia libero, mentre così si ottiene solo di favorire l'eccitabilità permanente del cane perché è sottoposto a continui stimoli, il suo senso predatorio si alza enormemente senza mai poterlo sfogare, e alla prima occasione basta uno stimolo minimo per tirar fuori l'aggressività.

Per non parlare poi di umani e bambini che vagano liberamente in quello che il cane giustamente considera il "suo" territorio, anche in questo caso le conseguenze possono essere serie: i molossoidi sono stati selezionati dall'uomo per mordere e mantenere il morso, quindi anche un piccolo morso di avvertimento, che è quello che i cani danno prima di sbranare la preda, per un bambino piccolo può essere molto pericoloso. È quindi evidente la differenza tra un Pitbull e un Setter, caratteristiche diverse, selezionate apposta dall'uomo, e che vanno pensate con consapevolezza all'atto di prendere un cane.

Non sto sostenendo tra le righe che i molossoidi siano necessariamente pericolosi, penso che per vivere con un molossoide occorra essere consapevoli delle caratteristiche per le quali questi cani sono state selezionati e mettersi perfettamente in grado di ottenere un carattere equilibrato attraverso la selezione e la socializzazione, potendo contare su risposte comportamentali sicure attraverso un programma specifico di addestramento.

Poi, chi vive con un cane dovrebbe sapere che in caso di litigio le urla non fanno altro che ipereccitare cani che sono già troppo eccitati, e che non bisogna mai provare a strappar via loro le cose dalla bocca, perché in questo modo non facciamo altro che aumentare il loro senso del predatorio.

Come umani abbiamo la responsabilità di capire, e agire di conseguenza, il fatto che i bambini sono esseri inevitabilmente

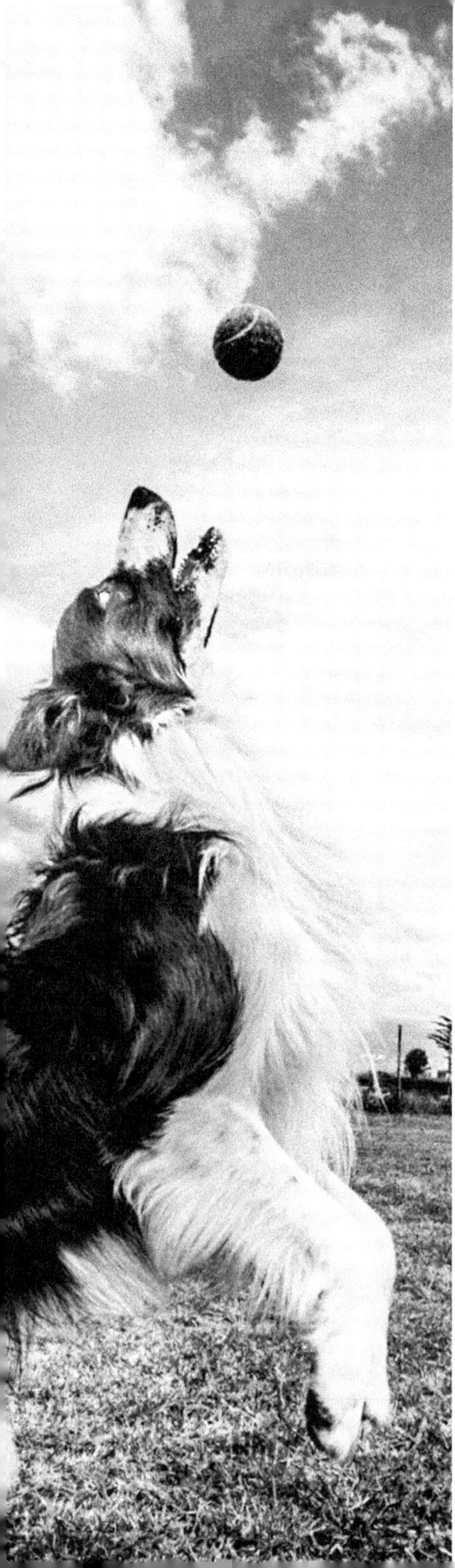

egocentrici e i cani sono inevitabilmente carnivori predatori. A partire da questo incontrovertibile dato biologico abbiamo la responsabilità di saper costruire una relazione che vada oltre la biologia e insegni il rispetto per le altre specie, comprendendole, individuandone il linguaggio, non esitando ad affidarsi a istruttori esperti e scegliendo sempre il cane di razza in allevamenti che lavorano da tempo sulla selezione delle caratteristiche temperamentali e non solo morfologiche. Nel caso si scelga un meticcio, non farsi prendere solo dal cuore ma effettuare sul cucciolo il test di Campbell o farsi guidare da una persona esperta.

Un bambino che avrà l'opportunità di crescere con un cane, amandolo e rispettandolo per quello che è, potrà diventare un adulto tollerante, affettuoso, capace di prendersi cura, consapevole e rispettoso delle diversità. Se crescerà con un cane non imparando a rispettarlo e a conoscere il suo mondo rischierà di diventare un individuo cinico, egocentrico, razzista, specista.

7.

Bambini che amano i cani

Caro Manlio, i bambini sono soli.

I bambini fanno nuoto, danza, inglese e catechismo, oltre ad andare scuola, spesso a tempo pieno; compiti a casa dopo che escono sfatti da scuola alle 16.30, compiti il sabato e la domenica. Tutti futuri scienziati o grandi manager, piccoli Mozart della cultura che hanno il compito di soddisfare le personali aspettative frustrate di genitori e insegnanti. Interagiscono, collegano, sono bilingui, hanno smartphone, seguono programmi di robotica con i Lego, praticano il rispetto delle diverse culture e religioni: sono soli!

Il grande freddo: i bambini sono soli

I bambini passano fuori di casa la maggior parte della giornata, quando sono in casa sono per lo più impegnati in attività strutturate. I bambini diventano incapaci di autoregolare lo stress, quindi per rilassarsi un po' hanno bisogno di televisione e videogiochi in cui affogare una mente troppo piena, o meglio "troppo riempita". Negli anni '80 e '90, per salvare la coscienza di genitori yuppie e carrieristi si diceva che ciò che conta è la qualità del rapporto: io mi sono sempre chiesto che qualità del rapporto ci possa essere tra le 19.30 e le 21.00, quando tutti, adulti e bambini, hanno sulle spalle il peso di giornate di corse maniacali.

Il cane come al solito è un grande esempio, il confronto con il mondo canino ci aiuta a riflettere sulle distorsioni della nostra vita: per lui la qualità del rapporto è importante, ma anche la quantità. Diciamo che per il cane il rapporto è tutto: sulla relazione, sugli affetti, sulla dedizione reciproca, sulla gestione e regolazione fine della capacità di lavorare e amare in sincronia, il cane imposta e regola la sua vita.

I bambini lo sanno intuitivamente, ed è per questo che molti di essi vorrebbero dividere la loro vita con un cane. Il cane offre loro quegli ingredienti che consentono di far fronte allo stress, di imparare ad autoregolarlo, funzione fondamentale per la sanità mentale. Il cane sa perdere tempo, sa "riflettere" su di sé, sa dormire, sa sognare, sa giocare, al momento opportuno sa lavorare e affronta tutto questo con dedizione, gioia e senso del gioco di squadra.

I bambini con i cani sarebbero meno soli, anche se spesso assistiamo al paradosso che il cane, accolto in famiglia proprio per far compagnia al bambino, finisce anche lui tritato nella grande corsa nevrotica: uscite veloci e svogliate, trascinato via, quasi impiccato se prova a fermarsi ad annusare. Il cane conosce il mondo attraverso il naso, non attraverso gli occhi, non abbiamo nemmeno idea di quale fantasmagoria di odori il cane possa sentire, odori che gli narrano chi è passato, chi sta per arrivare, odori che narrano di desideri, di stati emotivi come la paura, la rabbia.

No, il cane viene tirato via perché deve fare i bisogni, di corsa. Non lo portiamo a conoscere il mondo assieme a noi, lo portiamo al cesso, e deve anche fare in fretta! I cani non annusano e i bambini non inventano più i giochi, da soli o con i loro coetanei. Qualche improbabile Psicocoso (psicoanalista, psichiatra, psicologo) sostiene che i bambini non inventano più giochi perché sono sommersi da televisione, cinema e videogiochi. No, i bambini non inventano più giochi perché non diamo a loro il tempo e lo spazio per inventare insieme, così come non diamo al cane il tempo di annusare.

Così finiscono per essere soli, cani e bambini.

Quando il bambino desidera un cane esprime un desiderio di gioco libero, di attaccamento sicuro, di dare e ricevere affetto, di avere una creatura da accudire e dalla quale essere accudito. Viceversa il bambino scambierà il cane per un giocattolo e lo tratterà come tale se a sua volta si sente spersonalizzato, trattato in questo modo strumentale dalla sua famiglia.

Quando un bambino chiede un cane occorre fermarsi a pensare, chiedersi cosa stia esprimendo con questa richiesta. Occorre chiedersi se siamo disposti a rivoluzionare la nostra vita in senso positivo, per venire incontro a esigenze profonde e ormai dimenticate, esigenze di quotidianità, presenza, affetto, regolarità di contatti familiari, di odori e suoni, di abitudini e scambio di segni interpersonali leggibili, prevedibili.

Questo è ciò di cui ha bisogno un cane per essere accolto in famiglia e perché le sue esigenze più profonde possano essere rispettate. Esattamente di questo ha bisogno un bambino per vivere in modo non nevrotico. Se non abbiamo spazio per un cane, siamo sicuri di avere realmente spazio e rispetto per un bambino? Intendo dire per il suo mondo infantile, pieno di fantasie, storie, giochi, paure, necessità di affetto e presenza manifestata nella quotidianità, per le diverse ore che la compongono; presenza genitoriale non relegata un paio d'ore la sera quando tutto il giorno il bambino è rimbalzato come la palla di un flipper tra nonni, catechismi, nuoto, danza, il dentista per il controllo dell'apparecchio e le ripetizioni di matematica.

"Non prendo il cane perché non ho il terrazzo", come se il cane fosse una Bouganville.

Il cane vuole tempo, dedizione, osservazione, affetto, condivisione della quotidianità. I bambini vogliono esattamente le stesse cose. Permettere a un bambino di vivere la meravigliosa esperienza della condivisione della quotidianità con un cane ha il prezzo di una rivoluzione del modo di affrontare la vita. Un cane ci può migliorare, aiutare a vedere le cose attraverso i suoi occhi. Vedere il mondo con gli occhi di un cane ci può rendere degli adulti più attenti, lenti, rispettosi, giocosi. In questo modo potremmo essere genitori migliori.

Viaggiando con Peter Pan

I cani ci insegnano, anche, che tutta la gioia che proviamo con loro è destinata a passare, purtroppo molto presto, a causa del loro ciclo di vita molto più breve del nostro. In quei pochi anni che abbiamo a disposizione con loro però possono lasciare un segno indelebile, per continuare poi a vivere e correre felici, liberi da un corpo diventato troppo pesante per accondiscendere al loro eterno desiderio di vivacità e sfrenatezza.

Vivere nel qui e ora, percepire e gustare il momento presente, senza oscillare tra un passato che condiziona e un futuro che angoscia diventa il segreto di cui i cani ci mettono a parte.

Godiamo il tempo che abbiamo a disposizione con loro, i cani ci insegnano che condurre una vita all'insegna della corsa significa solo arrivare più in fretta all'inevitabile capolinea.

Non rifiutiamo una carezza che loro ci chiedono, non rifiutiamo un'uscita gioiosa, portiamoli in vacanza con noi, il tempo che avremo a disposizione per stare insieme non è poi così tanto, godiamo l'istante come sono capaci di goderlo loro.

Questo è il grande insegnamento che i cani ci regalano, che può e deve essere esteso al rapporto che abbiamo con le persone a noi care, spesso troppo frettoloso, sbrigativo, condizionato dai tempi assurdamente frenetici che viviamo per accumulare false sicurezze e assecondare falsi bisogni.

Spesso buttiamo via il tempo, che è l'unico bene realmente limitato.

Si può vivere meno comodamente, con minori beni materiali ma circondati da più affetto, pieni dell'esperienza del nostro prezioso quotidiano vissuto lentamente e appassionatamente.

Amiamo i nostri cani e i nostri cari, stiamo con loro, non sappiamo quanto tempo ci è riservato.

Nella vita non è possibile esercitare un controllo sul futuro, è totalmente idiota costruire strutture falsamente rassicuranti, zeppe di beni materiali se non riusciamo a guardare verso l'a-

more, l'affetto e la dedizione verso le persone care che i cani ci insegnano.

Il rapporto con i cani ci narra un modo appropriato di orientarsi e indirizzare il proprio cammino nella vita, con gioia tutta canina, pensando come un cane, godendo l'immediato e annusando l'aria, proprio come fanno quelle splendide creature, lasciando alle spalle le ansie per le piccole cose.

Manlio, ricordi come si orienta Peter Pan per trovare l'isola che non c'è?

"...seconda stella a destra, poi dritti fino al mattino...".

Caro Roberto,

parlavamo di bambini che fanno di tutto per avere un cane e di come a volte la scelta si rivela poco felice. Ma quante volte, invece, la decisione di prendere un cane mostra tutta la sua carica positiva? Tante, tantissime.

Parlando alcuni giorni fa con una coppia di miei amici, alla domanda "perché avete deciso di prendere un cane (un Border Collie, nello specifico), mi hanno risposto senza nemmeno pensarci: "Perché è bellissimo far crescere dei bambini con un cane". Non c'è bisogno di aggiungere altro.

Un cane fa bene ai bambini. Insegna loro il rispetto delle diversità e quanto sia bello prendersi cura di un altro essere vivente. Un essere che risponde alle sollecitazioni con una propria individualità e con un sistema molto complesso di emozioni.

Certo molti genitori sopperiscono a questo comprando un pesciolino rosso, o meglio ancora, lasciando che i propri figli lo "vincano" in quelle fiere centrando con una pallina di ping pong la piccola ampolla dove è rinchiuso. Certo un pesciolino rosso ha la stessa dignità e lo stesso diritto a vivere di qualsiasi altro essere vivente (uomo compreso), ma vederlo nuotare e aprire e chiudere la bocca – bene che vada – in un acquario tutto il giorno non è proprio il mio concetto di "crescere con un animale".

C'è un libro, poi diventato film, *My dog Skip*, in cui lo scrittore Willie Morris racconta la propria storia. Willie era un bambino solitario e costantemente vittima dei bulli di turno, guarito grazie alla scelta della mamma di regalargli un amico a quattro zampe.

Leggendo quelle bellissime pagine ti accorgi di che carica di autostima e di fiducia il piccolo Skip riesca a iniettare nel fragile spirito di Willie. *Curarsi di lui* diventa un modo per "curare le proprie ferite" dovute all'introversione e alla timidezza.

Non parlerò qui di pet therapy, non sono un esperto, ma ho conosciuto tante persone a cui il cane ha insegnato a vivere meglio, crescendo accanto a questo splendido animale; e non parlerò nemmeno di una recente ricerca scientifica (firma del pediatra finlandese Eija Bergroth del *Kuopio University Hospital*) che ha dimostrato che crescere con un cane fa sviluppare al bambino un sistema immunitario molto più forte, abbassando di una percentuale consistente la sua possibilità di contrarre infezioni (alla faccia di tutte quelle persone schizzinose che si farebbero impalare e bruciare piuttosto che lasciare il proprio bambino nelle vicinanze dell'immondo essere a quattro zampe che come bidet usa la propria lingua).

Mi piacerebbe parlare dello spettacolo magnifico di quei bambini che per strada non scappano di fronte al mio cane come se stesse avanzando un'armata di zombie affamati. Mi piacerebbe parlare a lungo di quei bambini che si avvicinano con rispetto e ammirazione ("che bel cane, posso toccarlo?") vedendo nell'animale qualcosa di "prossimo" e non un lupo delle favole tenuto a guinzaglio dopo aver pranzato a base di tre porcellini e di cappuccetto rosso.

Le tipologie di mamme stradali

La strada è un teatro in questo senso. Se ne vedono davvero di tutti i colori e gli "spettacoli" che vanno in scena sono spesso "osceni". A meno di non prenderli per il verso giusto: cioè con una risata. E allora emerge un campionario di bambini e genitori che come personaggi si muovono in questo proscenio della vita quotidiana.

C'è la *mamma enfatica*. Ovvero colei che porta il passeggino o tiene per mano il figlioletto e alla vista del cane spalanca gli occhi e con voce da narratore di fiabe di serie B dice al pargolo: "Hai vistooooo che bel cagnoneeeee". Ora, a parte che il mio Border Collie non si può definire un cagnone a meno che per standard di cane non si prenda un Pincher, il che già mi fa ridere, ma se usi quel tono come minimo il bambino crescerà dando un'enfasi sproporzionata alla vista di un cane. Gli sembrerà sempre di incontrare una figura temibile e mitologica tipo drago e quando sarà adulto di fronte a qualsiasi quattro zampe che non può essere contenuto in una borsetta si sentirà intimorito (risuoneranno in lui le parole drammatiche della madre: il cagnoneeeeeee).

C'è la *mamma guarda&scappa*. Altro personaggio delle nostre strade colorite è la mamma che indica al figlio il cane con un sorriso che mi fa pensare di trovarmi di fronte a un genitore illuminato, di quelli che amano e rispettano gli animali, salvo poi dovermi ricredere perché appena la distanza tra loro e noi (io e il cane) si accorcia sotto i 10 metri comincia a prodursi in gesti inconsulti e a manovre diversive per mettersi in salvo.

C'è la *mamma lombrosiana*. Ovvero colei che ancora prima di avvicinarsi si è già fatta il quadro preciso del tipo di cane che hai e quindi dà al proprio figlio l'avvertimento giusto: "Non ti avvicinare che morde". Mi è capitato diverse volte questo "personaggio" durante le mie passeggiate e ogni volta resto ammirato della capacità che ha di saper discriminare se un cane morde o meno solo guardandolo in faccia. Come se "la faccia buona" di un cane fosse la dimostrazione del carattere. Avete presente Cesare Lombroso? Famoso e famigerato "scienziato" secondo il quale i criminali li riconosci da alcune caratteristiche anatomiche e da certi tratti del volto. Ecco queste sono le mamme "lombrosiane" che riescono a capire a chilometri di distanza di quale cane possono fidarsi e di quale no (e di solito la pericolosità è direttamente proporzionale alla loro stazza).

C'è la *mamma gatto*. Sono quelle mamme che riescono a inventarsi i percorsi più contorti pur di evitare di passare vicino alla pestilenziale coppia uomo-cane che si sta approssimando al suo cammino. Le vedi calcolare da lontano la distanza giusta per quando effettuare la manovra di cambio marciapiede, oppure se le cogli alla sprovvista e spunti a pochi centimetri da loro, tirano fuori l'agilità di un felino e ti schivano senza che nemmeno hai il tempo di capire cosa stia succedendo.

C'è la *mamma ariana*. Ovvero quelle mamme che ti guardano con la faccia disgustata, come se stessi portando al guinzaglio un virus di Ebola e se il tuo cane ha la malaugurata idea di prodursi in una pipì su un muro, su un albero o sullo pneumatico di una macchina: allora si accende nei suoi occhi una fiamma di odio puro e se potesse incenerirti all'istante (e disperdere le ceneri in un oceano marziano) lo farebbe senza pietà. Tutto pur di preservare la pura razza umana.

8.

I cani fanno bene

Quando il cane diventa terapeuta

Caro Manlio,

tutto ebbe inizio nel 1962 quando il dottor Boris Levinson, uno psicologo infantile, pubblicò in *Mental Hygiene* un articolo intitolato "Il cane come co-terapeuta".

Il dottor Levinson era partito da una serie di osservazioni riguardanti la presenza del suo cane nella stanza di terapia. Aveva notato che i bambini che seguiva erano attratti dal cane, e attraverso il rapporto con l'animale migliorava la loro capacità di entrare in relazione con l'ambiente circostante.

Levinson continuò a studiare l'interazione tra i bambini e il cane, concludendo che gli animali da compagnia possono servire non soltanto per raggiungere risultati terapeutici con bambini che presentino disturbi emozionali ma possono anche favorire un corretto sviluppo emozionale di tutti bambini, anche quelli che non presentano disturbi.

Scrive Levinson: *"Gli animali da compagnia diminuiscono il senso di solitudine fornendo una possibile comunicazione attraverso una modalità di contatto piacevole e naturale e attraverso una grande vicinanza. L'animale da compagnia può giocare un ruolo cruciale nello sviluppo emozionale del bambino e prevenire disturbi della sfera affettiva, particolarmente nelle famiglie all'in-*

terno delle quali si vive una carenza di affetto e di sicurezza sul piano emozionale. L'animale da compagnia così diventa il punto di riferimento attraverso il quale il bambino approccia se stesso e la realtà. L'amore per l'animale da compagnia crea una relazione di fiducia reciproca e di confidenzialità, mentre nello stesso tempo costruisce un ponte verso il futuro e verso una più ampia consapevolezza di sé".

Dopo il lavoro pionieristico del dottor Levinson sono stati scritti diversi contributi, molti dei quali sottolineano il tentativo di uscire da un'ottica aneddotica, basata solo sull'osservazione diretta e sul racconto di quanto osservato, per favorire un approccio scientifico e rigoroso di ricerca clinica.

In tutti i casi in cui è stato misurato l'impatto emozionale diretto dell'animale da compagnia, per esempio su livelli di ansia, è stato riscontrato un effetto altamente positivo nel diminuire l'attivazione ansiosa. Uguale andamento per alcuni parametri fisiologici quali la diminuzione della pressione sanguigna e l'aumento di funzionalità del sistema immunitario.

Il cane non è un criceto

Un problema connesso alla ricerca sull'effetto della presenza di animali da compagnia nella vita delle persone è l'estrema differenza dei contesti in cui lo studio viene svolto. Di volta in volta sono stati studiati effetti procurati da: cani, delfini, cavalli, gatti, pappagalli, conigli, criceti, in diversi contesti quali centri anziani, carceri, ambulatori privati, ospedali, centri di riabilitazione, centri fisioterapici...

Insomma, una vera e propria Arca di Noè che fa rotta verso Babilonia!

La prima considerazione che giunge spontanea è che ciascuna di queste specie animali presenta uno specifico repertorio comportamentale e delle specifiche modalità di comunicare, che non sono assolutamente sovrapponibili.

Sul piano etologico siamo di fronte a specie molto dissimili, che vivono in contesti differenti, e si rapportano con una serie di segnali comunicativi molto diversi l'uno dall'altro sia con i propri conspecifici sia con l'uomo.

Su questo tema torneremo quando parleremo della specificità e unicità del valore del cane nell'ambito delle attività e terapie assistite con animali. Basti qui ricordare la differenza fondamentale esistente, nella storia del loro rapporto con l'uomo, tra il cane e il cavallo, gli animali che più di frequente trovano spazio nella pratica delle AAT, acronimo per Animal Assisted Therapy.

Il cane è un animale di branco, soggetto a delle ferree regole riguardanti la gerarchia dei rapporti tra i vari elementi del branco. La cieca obbedienza ai segnali del capo branco, per esempio, è un elemento centrale per la sopravvivenza, perché un branco ben coordinato sarà molto più efficace nelle azioni di caccia che un ipotetico branco nel quale i membri prendano delle iniziative individuali.

Tutto ciò è presieduto da un sistema comunicativo che ha attraversato millenni di selezione naturale, favorendo quindi gli animali più capaci di recepire la comunicazione, attenersi a essa, e così poter sopravvivere attraverso la predazione e riprodursi, trasmettendo le proprie caratteristiche genetiche di generazione in generazione.

Il cane mantiene ancora intatto tutto il patrimonio genetico che lo fa comportare e scambiare comunicazioni esattamente come un predatore che vive in branco.

Uomini e cani: tutti insieme appassionatamente

L'uomo è un predatore onnivoro come gorilla e scimpanzè, e oltre a essere un predatore è anzitutto un primate. Noi ci muoviamo, pensiamo, e ci rapportiamo alla realtà con la curiosità intellettuale e corporea dei primati: abbiamo bisogno di muoverci spesso, necessitiamo di stimoli continui, dividiamo nettamente le ore di veglia attiva dalle ore di sonno, insomma giochiamo continuamente ad arrampicarci sulle liane anche se ciò spesso è mascherato perfino da attività intellettuale ad alto valore sociale!

Canidi e uomini inizialmente erano gruppi di predatori in competizione fra loro: iniziò a crearsi spontaneamente una cooperazione nella caccia, con vantaggio reciproco. Gli uomini potevano cacciare più facilmente delle prede braccate dai cani e i cani potevano mangiare più facilmente le carcasse degli animali e i resti non graditi dagli uomini che trovavano ai bordi dei villaggi.

Ancora oggi, quando ci relazioniamo con i cani dobbiamo tenere conto del fatto che siamo entrambi predatori e che con un cane l'antica complicità della caccia scatta spontaneamente tutte le mattine con il semplice piacere della passeggiata al parco da fare assieme, magari con una pallina da rincorrere, sostitutiva della preda, un territorio da esplorare, altri branchi da sottomettere e scacciare (la zuffa quotidiana con il cane di quell'antipatico del vicino di casa).

Per quanto riguarda, per esempio, i cavalli, il discorso è completamente diverso perché gli equini sono sempre state delle prede, degli erbivori cacciati sia da noi uomini sia dai cani a scopo alimentare; solo successivamente sono stati addomesticati e utilizzati dall'uomo. Il rapporto e i segnali comunicativi tra uomo e cavallo dovranno sempre tenere conto che quest'ultimo è una preda e reagisce come tale. Ciò non lo rende evidentemente meno efficace nelle terapie assistite, solo che l'efficacia passa attraverso canali comunicativi molto diversi da quelli utilizzati tra uomo e cane.

Cerchiamo ora di capire perché i cani fanno tanta breccia nell'animo umano.

Nel nome dell'etologia

La lettura dell'interazione uomo-cane non può che basarsi su un approccio di tipo etologico. L'etologia si propone di studiare il comportamento degli animali applicando i metodi propri delle scienze naturali.

L'etologia utilizza come metodi principali l'osservazione e la descrizione del comportamento, arrivando poi alla sua interpretazione dai punti di vista funzionale, causale, ontogenetico e filogenetico. L'etologia è una disciplina strettamente connessa e integrata con le altre scienze della vita, e ha fornito metodi di studio e osservazione anche alle discipline psicologiche, soprattutto quando si trattava di studiare comportamenti e atteggiamenti mediati essenzialmente dalla comunicazione non verbale.

Etologia, psicologia e antropologia sono strettamente imparentate, almeno quanto l'interesse per il comportamento degli animali e per la sua interpretazione resta sempre vivo nella mente dell'uomo. Già gli uomini della preistoria, in quanto cacciatori e raccoglitori, necessitavano per la loro sopravvivenza di informazioni relative al comportamento delle specie con le quali convivevano.

Poterne prevedere il comportamento rappresentava un alto valore per la sopravvivenza, pertanto la loro curiosità era indubbiamente indirizzata all'osservazione, la descrizione, lo studio in particolare di quelle che potevano essere potenziali prede, o predatori, o in vario modo competitrici.

Già Charles Darwin nel suo *L'espressione delle emozioni nell'uomo e negli animali* si occupava di un tema molto attuale, oggi potremmo dire di etologia comparata.

Lo stretto legame che si viene a formare tra uomo e animale fa sorgere delle forme di comunicazione molto complesse tra specie diverse che, nel caso dei cani, hanno in comune il fatto di presentare un alto livello di integrazione sociale (società umana e branco) che devono essere mediati e codificati da una serie di segnali mimici, posturali e comportamentali.

La conoscenza reciproca dei segnali mimici, posturali e comportamentali caratteristici di ciascuna specie è fondamentale perché si possa instaurare una corretta comunicazione tra uomo e cane. Come nel caso della comunicazione umana, bisogna avere un linguaggio comune per potersi intendere. Ancor prima, occorre una motivazione alla relazione e questa, nel caso del rapporto con il cane, può essere cercata dapprima storicamente in tutta una serie di vantaggi reciproci che le due specie potevano offrirsi nel diventare solidali nella caccia piuttosto che porsi come competitori, poi nell'evoluzione del cane come animale da compagnia. In questa prospettiva molto scientista e funzionalista, la comunità scientifica esclude a priori che gli uomini cosiddetti «primitivi» potessero avere dei sentimenti e pertanto legarsi ai cani non solo dal punto di vista funzionale e utilitaristico.

La motivazione del rapporto tra uomo e cane può quindi essere funzionalmente identificata nel bisogno di attaccamento per garantire la sopravvivenza.

Questa, oltre la necessità di integrazione sociale e affettiva, è l'altra dimensione che caratterizza entrambe le specie.

Cane, figlio dell'uomo

Chiunque possa godere della compagnia di un cane fa esperienza di come questi venga progressivamente considerato un familiare, è ciò è assolutamente indipendente dal sesso, età, cultura di provenienza, condizione socio-economica e livelli di psicopatologia.

Lunghi anni di vicinanza e convergenza di interessi tra l'uomo il cane hanno comportato un vero e proprio processo di selezione, a partire dal lupo. Questa evoluzione controllata è stata guidata dall'uomo che ha selezionato gli individui meno aggressivi e con più spinta alla socialità.

Con il trascorrere del tempo, la selezione creata dall'uomo ha dato luogo a un gran numero di razze canine, che invece contrasta con la grande uniformità morfologica e comportamentale della razza selvatica.

Oltre a tratti morfologici con la selezione creata dall'uomo attraverso l'allevamento si modificano anche importanti caratteristiche comportamentali, come aggressività e tendenza alla fuga molto ridotta rispetto ai conspecifici selvatici. Ciò è dovuto al fatto che l'uomo riesce ad avere un rapporto migliore con animali che sono poco aggressivi e non tendono scappare, per cui gli individui senza queste caratteristiche sono stati progressivamente scartati dalla riproduzione.

Le conoscenze acquisite nel campo dell'apprendimento e della comunicazione con i cani sono fondamentali rispetto alla possibilità di ottenere animali d'utilità, come cani guida per non vedenti, hearing dogs (ovvero cani per non udenti), cani sociali impiegati nelle attività e terapie assistite, cani che svolgono compiti di polizia e di protezione civile (come ritrovamento di persone sotto le macerie e sotto le valanghe); vi sono poi tutti quei cani che compiono lavori di supporto o di sostituzione dell'uomo stesso, come i cani da pastore; i cani possono esser utilizzati anche a fini sportivi, come nelle discipline dell'agility dog e dell'obedience.

Gli eccezionali risultati ottenibili con i cani addestrati a questi scopi sono tutti fondati sulla facilità di apprendimento e legami sociali che si instaurano tra l'uomo e il cane, quindi sulla comunicazione extra-specifica.

La primissima forma di socializzazione è costituita dalle cure che la prole riceve dai genitori, particolarmente, nei primi tempi dalla madre. Partiamo dal presupposto che in natura il maggior sviluppo delle cure parentali lo ritroviamo nei mammiferi (ai quali noi continuiamo ad appartenere!).

Ciò è da mettere in relazione con le grandi capacità di socializzazione e di apprendimento proprie dei mammiferi, per i quali le cure parentali rappresentano non solo il modo di proteggere i propri figli e così contribuire alla sopravvivenza della specie attraverso la trasmissione del proprio patrimonio genetico, ma anche il modo di stabilire legami affettivi e di promuovere lo sviluppo di un corretto comportamento sociale all'interno della propria specie. Ciò vale in particolare per specie che si sono evolute a così stretto contatto, come nel caso dell'uomo e del cane.

Conosciamo l'importanza, nell'ambito della psicologia dello sviluppo, del valore delle cure materne e delle cure parentali per il successivo sviluppo di un individuo sano ed equilibrato. Nei mammiferi superiori infatti, e non solo nell'uomo, considerata la grande possibilità di apprendimento sociale caratteristica di alcune specie, tra cui l'uomo e il cane, il comportamento della madre può produrre modifiche comportamentali durature nei figli che si tradurranno in particolari atteggiamenti e comportamenti nell'età adulta.

Il caso del rapporto tra uomo e cane può essere considerato come una situazione in cui una specie assume per l'altra delle caratteristiche parentali.

Il cane infatti molto spontaneamente tende ad attribuire all'uomo caratteristiche parentali da cui dipendere; dalla corretta assunzione e dal superamento di queste caratteristiche, da una corretta comunicazione nei confronti del cane si può sviluppare quel buon rapporto che tutti noi conosciamo. Rinunciare alla possibilità offerta dal cane di diventare il suo *caregiver*, ovvero fornitore di cure parentali, porta spesso a dei problemi comportamentali e di gestione quotidiana del cane.

La tattica di Peter "Can", ovvero cani che restano "bambini"

Questo fenomeno in etologia viene definito "infantilismo".

Per infantilismo si intende un comportamento tipico dei giovani ma presente in individui adulti. Generalmente in etologia gli infantilismi si ritrovano in contesti sociali e sessuali, con lo scopo di provocare una riduzione nell'aggressività del soggetto che sta di fronte. L'infantilismo infatti consiste nell'emissione di un segnale infantile che inibisce l'eventuale attacco nell'individuo ricevitore e, nel contempo, stimola un atteggiamento protettivo o affettivo. Per intenderci, sono un segnale infantile gli occhioni che il gatto con gli stivali mostra alle guardie nel cartoon *Shrek*.

Lorenz per primo si occupò dei segnali infantili, ovverosia delle caratteristiche anatomiche e comportamentali che permettono all'individuo che la manifesta di essere riconosciuto come infante e non come adulto. Ci riferiamo per esempio la struttura della testa che sia nei cuccioli di uomo sia in quelli di cane tende ad avere linee maggiormente tonde rispetto all'individuo adulto.

Sia noi sia i cani siamo istintivamente portati a riconoscere l'aspetto particolare che un cucciolo può assumere, sottolineato da tutta una serie di comunicazioni non verbali che trasmettono l'assoluta mancanza di aggressività.

Anche noi esseri umani siamo molto sensibili a segnali di questo tipo, che istintivamente fanno scattare in noi la necessità di dedicarci a cure parentali, ovvero di utilizzare uno dei nostri principali organizzatori dell'esperienza psicologica che è «l'attaccamento sicuro»

Il riconoscimento di una serie di segnali infantili provenienti sia della specie umana sia da un'altra specie, come per esempio il cane, è legato all'identificazione di un insieme di caratteristiche morfologiche, anatomiche e comportamentali non necessariamente ben definibile a prima vista.

Noi quindi riconosciamo dei segnali infantili solo se l'aspetto morfologico e il comportamento coincidono con ciò che noi istintivamente ci aspettiamo di vedere in un cucciolo umano o animale.

Stiamo parlando di un'immagine mentale non assolutamente definita e unitaria, piuttosto una combinazione di un certo numero di caratteri applicabili a quasi tutti i giovani mammiferi e uccelli.

La percezione dei segnali infantili da parte dell'uomo è del tutto simile a quella di molte altre specie: è forse questa la ragione per cui l'uomo, dopo essere divenuto un cacciatore, decine di migliaia di anni fa, non uccise indiscriminatamente tutti gli animali che riuscì a catturare, ma talvolta ne risparmiò alcuni o addirittura li portò con sé, iniziando così, in seguito all'adozione, il processo dell'addomesticamento.

È caratteristica infatti la tendenza dei mammiferi ad adottare dei cuccioli, non necessariamente appartenenti alla propria specie, e trattarli come se fossero dei figli, mettendo in moto istintivamente la propria tendenza a offrire delle cure parentali.

Questo comportamento adottivo ha la sua base in una comunicazione di natura prevalentemente visiva tra l'adulto e il giovane, che emette tutta una serie di segnali codificati dall'adulto come "infantili". Come abbiamo visto, il primo scopo dell'emissione di questi segnali infantili è quello di evocare un riconoscimento da parte degli adulti e di bloccarne l'aggressività, visto che i cuccioli sono praticamente senza alcuna protezione.

Questi segnali infantili dei cuccioli aumentano le loro probabilità di sopravvivenza quando incontrano adulti estranei, ma aumenta anche la possibilità dell'adulto, che incontra il giovane e lo adotta, di avere una prole feconda.

Quando incontriamo un cucciolo di cane e pensiamo di adottarlo si riattiva una tradizione antica, vengono toccate delle leve molto profonde all'interno del nostro cervello, dove si attivano delle aree che presiedono alla produzione delle emozioni e dalle quali vengono prodotti i comportamenti più istintivi e legati alla sopravvivenza, come prenderci cura della prole per poter trasmettere il nostro patrimonio genetico e contribuire alla continuazione della specie.

I cani sono caratterizzati dalla emissione di segnali infantili lungo tutto l'arco della loro vita e, facendo leva sulla nostra istintività rispetto alla necessità di prenderci cura della prole, si assicurano un posto d'onore tra le specie animali con le quali abbiamo una millenaria tradizione di comunicazione quotidiana e di scambio d'affetto.

La ricerca psicologica ha confermato che dalle cure parentali trae vantaggio non solo, ovviamente, la prole, ma anche l'adulto che riceve tutta una serie di feedback positivi legati al riconoscimento dell'efficacia della propria relazione di cura.

In altre parole, se il bambino o un animale di cui l'adulto si prende cura trae piacere dalle nostre cure e invia dei segnali non verbali che noi possiamo riconoscere come tali, anche l'adulto trarrà piacere da questi segnali di ritorno, perché gli consentiranno di entrare in quella particolare dimensione di

rapporto che noi chiamiamo attaccamento sicuro, fondamentale nel determinare la regolazione del tono emotivo e lo stato di benessere dell'individuo.

Un angelo biondo può cambiare il mondo (di un malato)

Le terapie assistite con i cani mettono in correlazione, secondo la prospettiva della ricerca etologica e delle teorie dell'attaccamento, le risposte positive di attaccamento che avvengono tra cane e un uomo, considerati entrambi appartenenti ai mammiferi, e pertanto capaci di condividere una serie di segnali di attaccamento senza necessità di una elaborazione del segnale sul piano cognitivo, con un diretto passaggio del segnale a un livello emozionale.

Lavoravo a Roma con l'Anucss; ricordo che, arrivato in prossimità del centro un bambino autistico si rifiutava di scendere dalla macchina, terrorizzato a causa della sua patologia. Fu l'intervento di Blondie, una splendida femmina di Golden Retriever, condotta dalla sua compagna umana Sabrina Gasparri, che cambiò le cose. Incurante e per nulla spaventata dalle urla del bambino, Blondie poggiò le zampe sul finestrino e allungò il muso, destando la curiosità del bambino e calmandolo quasi all'improvviso. Incuriosito da quella adorabile creatura bionda il bambino scese dalla macchina, e così iniziò il suo percorso terapeutico.

Sembra semplicistico, sembra una favola, ma andò esattamente in quel modo.

Proprio nei giorni in cui scrivo queste note Blondie ha attraversato il ponte dell'arcobaleno ed è diventata un angelo (penso che lo sia sempre stata!). Ciao Blondie, ci vedremo di là, grazie per tutto quello che ho imparato da te.

Spesso il paziente disabile, in situazione ambientalmente traumatizzante come il carcere o l'ospedale, autistico con danni neurologici e danni somatici mancano della possibilità di elaborare segnali relazionali sul piano cognitivo e di accedere a situazioni di attaccamento sicuro con i relativi vantaggi in termini di benessere.

In questo senso il cane, se scelto per le caratteristiche di razza e adeguatamente addestrato a sviluppare le caratteristiche di un'indole fondamentalmente socievole, può fornire al paziente una serie di segnali relazionali che favoriscono l'attaccamento, in quanto richiamano una condizione di comunicazione non verbale mediata da una serie di segnali infantili che spingono a instaurare una relazione di attaccamento.

Nel caso delle attività ludiche, come l'agility dog, i cani rinforzano il senso di sé, l'autostima e la capacità di funzionare delle persone umane perché rispondono a una serie di segnali corporei e lo fanno volentieri, dimostrando il piacere di giocare e interagire.

Il corpo malato o recluso può iniziare a funzionare proiettandosi sul buon funzionamento del cane, nel contesto di un attaccamento sicuro e affettivamente stabile, privo di giudizio e di focalizzazione sulla prestazione.

L'invio costante di segnali positivi, di divertimento, di risposta ai comandi e di attaccamento da parte del cane, consente il parziale recupero sia di abilità relazionali sia di un senso di Sé oramai coartato da malattie, danneggiamenti o istituzionalizzazione, come può avvenire in carcere e in ospedale.

Hospital Horror Story: i bambini e il trauma del ricovero

Ora, Manlio, proverò a narrarti dei cani in ospedale e di quelli in carcere, in due esperienze da me vissute che mi hanno molto colpito e hanno favorito queste riflessioni.

Una si svolse nel reparto pediatrico di un grande ospedale romano. Il primario del reparto, persona sensibile e affabile, aveva l'esigenza di aiutare i piccoli pazienti ricoverati per una condizione acuta ad affrontare la situazione psicologicamente traumatica del ricovero.

Il ricovero per improvvisi problemi di salute è un evento inatteso che può generare molta ansia sia nel piccolo paziente che nella famiglia. I bambini fino agli 11 anni non possiedono strutture cognitive adeguate per avere esatta conoscenza delle funzioni fisiologiche degli organi interni. La malattia spesso costituisce un mistero da risolvere attraverso un ricorso al pensiero magico.

Pur essendovi nel bambino la consapevolezza che c'è qualcosa che non funziona in non meglio precisati organi interni, che mamma e papà da una parte, dottori dall'altra, faranno di tutto per porvi rimedio, la malattia costituisce un evento che il bambino ancora non riesce a trattare adeguatamente dal punto di vista cognitivo ed emotivo.

Forse è per questo che il timore di ammalarsi è una delle paure più forti nei bambini delle elementari, soppiantata più avanti dalla paura di morire o di subire una menomazione.

Il ricovero in ospedale è potenzialmente traumatico perché è frutto di un evento inatteso: qualcosa nell'equilibrio si è rotto e la malattia ha preso il posto di una condizione di salute; per ovviare a questa condizione è necessario ricorrere a un ambiente nuovo, diverso, pieno di luci, colori, suoni, odori molto differenti da quelli a cui il bambino è abituato.

L'ospedale per di più è pieno di persone che svolgono delle funzioni, spesso in maniera rigida e scadenzata. Il bambino va incontro a degli orari assurdi per svegliarsi e per mangiare, non può guardare il suo programma preferito in televisione all'ora che vuole, perde tutte le sue attività quotidiane: attività sportive, scuola, gioco con gli amici, che, lungi dall'essere semplici occupazioni, scandiscono in maniera vera e propria il ritmo di vita quotidiano.

La nuova situazione, l'ospedale, inizialmente appare imprevedibile, minacciosa, addirittura pericolosa soprattutto nel momento in cui vengono effettuate le pratiche mediche di routine che tanto possono spaventare il bambino. Quello che conta infatti è il mondo soggettivo in cui il bambino vive e il tipo di affettività con cui vengono codificati simbolicamente in quel contesto gli atti medici.

Provo a spiegarmi meglio.

Un'iniezione può esser vissuta come pericolosa non tanto per il dolore in sé, è noto che un bambino cadendo dalla bicicletta e procurandosi una sbucciatura può provare più dolore.

L'iniezione, somministrata in ospedale nel contesto del ricovero, può costituire una violazione dei confini personali, un evento contro il quale il bambino si sente impotente e incapace di negoziare (l'iniezione dev'esser fatta in quel preciso momento, non può essere rimandata, il bambino non può negoziare le modalità di esecuzione, viene effettuata da una persona che pur essendo gentile spesso ha fretta e deve inevitabilmente eseguire il suo compito nel modo più funzionale possibile ai tempi del reparto).

Il bambino non ha potuto fare nulla contro la malattia che ha determinato il suo ricovero che, nel caso di pazienti acuti, è avvenuto in fretta e furia a causa di una situazione precipitata molto rapidamente.

Allo stesso modo il bambino si trova nella condizione di non poter fare nulla nei confronti di tempi e modalità che deve per forza subire.

Comincia così a farsi spazio il trauma, ovvero una condizione psicologica della quale una minaccia alla propria integrità non può essere trattata con le forze a disposizione.

Le reazioni al trauma variano da bambino a bambino: alcuni hanno la stoffa, le potenzialità per tornare rapidamente a una condizione di normalità: sono quei bambini che hanno un'alta capacità di «resilence».

Con questo termine gli autori anglosassoni indicano la capacità dell'organizzazione mentale, cognitiva e affettiva, di riprendere normalmente le proprie funzioni, dopo che queste siano state alterate e, per così dire, messe sotto pressione.

Quando parliamo di pazienti acuti, il cui ricovero può durare al massimo dai tre ai quattro giorni, alcune delle reazioni più importanti al trauma si possono avere anche dopo la dimissione dall'ospedale.

Alcuni bambini manifestano il trauma in maniera esplicita, altri invece sembrano fare tenere un comportamento normale in quanto utilizzano l'evitamento e la scissione della situazione traumatica come meccanismo di difesa principale. Questi sono i bambini più difficili da trattare, perché il segno del trauma non è immediatamente evidente, ma si ripercuoterà nel corso del tempo.

Le prime aree in cui il trauma diventa manifesto sono le abilità appena acquisite, rispetto alle quali alcuni bambini possono regredire: hanno quindi bisogno di essere di nuovo aiutati a vestirsi, imboccati, lavati e, per i bambini più grandi, il trauma si manifesta nell'isolamento davanti alla televisione e nella paura del distacco.

Altri bambini posso manifestare il rifiuto di dormire, oppure esplodere con collera verso genitori, fratelli ed équipe ospedaliera.

Spesso la situazione di trauma psicologico si riverbera nei giorni immediatamente successivi alla dimissione, dove i bambini lamentano transitori disturbi del sonno, dell'alimentazione, paure mai dichiarate prima, ansia da separazione.

Dummy e Blondie: missione possibile!

Abbiamo pensato di aiutare i bambini ad affrontare la situazione di ricovero attraverso un terapeuta piuttosto inconsueto in un ospedale: il cane!

Due splendidi esemplari, un Labrador e un Golden Retriever, Dummy e Blondie (di Blondie ho già parlato prima), hanno lavorato per tre mesi con i loro conduttori, Claudio e Sabrina dell'ANUCSS, con i pazienti acuti ricoverati nella unità operativa di pediatria.

La riduzione dello stress costituisce un beneficio riscontrato negli ospedali, dal momento che i cani forniscono una distrazione per i pazienti. Ciò si è rivelato particolarmente benefico per pazienti con dolore, ansia, iperattività, o pressione sanguigna alta.

Poiché la compagnia dei cani fa sembrare le persone meno malate agli occhi degli altri, può essere migliorata anche l'interazione sociale con i visitatori.

I cani inoltre forniscono ai familiari e agli amici qualcosa di diverso su cui focalizzarsi, la comunicazione con il paziente può divenire meno rigida e forzata, senza che la malattia sia l'unico argomento possibile.

I cani consentono alle persone di rilassarsi e di godere del contatto fisico diretto fornito dall'accarezzare una creatura socievole, amichevole, giocosa e devota.

Nelle terapie assistite con animali nel setting ospedaliero si ha a che fare con pazienti esposti a rischi: uno screening appropriato e precauzioni opportune devono essere seguite per affrontare il problema delle zoonosi (ovvero una malattia parassitaria che si può trasferire dal cane all'uomo). Sebbene il rischio delle zoonosi sia sempre presente, talvolta tende a essere sovrastimato e tale rischio è attualmente basso perfino per pazienti immuno-depressi, con il cancro o l'HIV.

Nel corso dell'intervento si sono tenute in particolare considerazione le eventuali allergie, paure o non gradimento degli animali da parte dello staff ospedaliero, rendendo le attività sostenibili.

Stessa attenzione è stata posta nei confronti dei pazienti, tutelando i diritti individuali di chi non desidera partecipare al programma.

Gli operatori hanno assicurato ai pazienti l'opportunità di scegliere loro stessi gli obiettivi del lavoro con gli animali e li hanno assistiti nell'identificarli e nel raggiungerli.

Ogni sessione della terapia assistita con animali è stata documentata secondo un sistema di rilevazione che ha previsto delle note settimanali e progressive.

Gli operatori hanno supervisionato strettamente e hanno controllato le attitudini temperamentali dei cani che sono stati utilizzati con i pazienti.

Abbiamo condotto un vero e proprio studio sperimentale monitorando 15 pazienti del gruppo sperimentale e altrettanti di un gruppo di controllo.

Cani nelle corsie: i dati del successo

L'età dei pazienti variava da 5 a 11 anni.

Era nostro scopo valutare l'impatto dell'intervento con il cane sulla accettazione del paziente del reparto ospedaliero e delle terapie e delle pratiche diagnostiche svolte, nonché l'impatto dell'intervento con il cane sul trauma legato al ricovero.

Gli strumenti con cui abbiamo effettuato la rilevazione sono:

Una griglia di osservazione della compliance (aderenza) del paziente alle terapie e diagnosi mediche e alle attività di reparto.

Un questionario che valutava la soddisfazione espressa dalle famiglie sul tipo di intervento.

Un'intervista telefonica effettuata tre giorni dopo la dimissione per rilevare eventuali segni traumatici legati al ricovero.

Una prova di disegno per valutare come il reparto ospedaliero è stato integrato nel mondo interno dei pazienti.

È stata preparata una lettera iniziale sottoposta alle famiglie, attraverso la quale si effettuavano procedure di screening, presentando l'iniziativa e lavorando sul consenso informato. Venivano escluse dall'iniziativa le famiglie con presenza di fobie riguardo gli animali oppure che semplicemente non gradivano l'iniziativa. Il problema delle allergie è stato valutato di volta in volta dalla équipe curante. La quasi totalità delle famiglie ha ritenuto opportuno aderire all'iniziativa.

La compliance, ovvero l'aderenza alle cure, dei piccoli pazienti è stata rilevata durante la somministrazione delle pratiche mediche: ogni paziente ha ricevuto tre osservazioni per i primi tre giorni di ricovero.

La prima osservazione era antecedente alle sessioni di AAT con il cane, la seconda e la terza successive.

Il lavoro con il cane si svolgeva nella sala giochi dell'ospedale alla quale i cani con i *pet-partners* accedevano attraverso uno speciale tragitto pensato per non influenzare le abituali attività ospedaliere.

È stata prevista per ciascun bambino una sessione di 20-25 minuti e prima e dopo la quale sono stati rilevati parametri quali la frequenza cardiaca e la pressione arteriosa.

La sessione si svolgeva alternando momenti di gioco con il cane a momenti di accudimento e di coccola. Grande attenzione è stata posta a eventuali segni di stanchezza e di nervosismo da parte dei cani o dei bambini, riservandoci di interrompere la sessione in qualsiasi momento per prevenire l'insorgenza di situazioni di nervosismo o di noia. In altre parole, bambini e cane dovevano lasciarsi quando erano ancora contenti di stare assieme.

Questo accorgimento è stato utilizzato sia per l'attenzione etica nei confronti del cane, che quando lavora come terapeuta deve farlo per gioco (deve stare bene anche lui, altrimenti non dà gli effetti positivi desiderati e, soprattutto, gli facciamo violenza), sia per lasciare nel bambino una memoria sensoriale organizzata attorno a una *gestalt* (visione globale della situazione dal punto di vista sia cognitivo che affettivo emozionale) che rimane aperta, rinforzando il ricordo e favorendo per il futuro aspettative di buon rapporto.

I piccoli pazienti nel pomeriggio effettuavano una prova di disegno, durante la quale veniva loro chiesto di disegnare il loro reparto di ospedale, senza dare ulteriori indicazioni, ciò allo scopo di favorire la proiettività del mondo interno a partire dallo stimolo.

Il gruppo di controllo, per poter paragonare i risultati, era costituito da bambini che effettuavano attività ludiche e di disegno.

Il gruppo sperimentale, che ha ricevuto l'intervento con i cani, è risultato significativamente più disposto alle terapie e pratiche mediche, più in accordo e integrato con la vita di reparto.

Nel gruppo di controllo invece non esiste alcuna differenza significativa tra la prima e la seconda osservazione, ovverosia nei bambini che non hanno usufruito delle sessioni di AAT con i cani, ma solo di attività ludiche e di disegno, non c'è stato alcun aumento della compliance dal primo al secondo giorno.

Abbiamo confrontato anche il gruppo sperimentale e il gruppo di controllo sulla base della prima osservazione, ovverosia quando entrambi non avevano ricevuto l'intervento con i cani, per valutare se, per caso, nel gruppo sperimentale fossero confluiti bambini con maggiore capacità di adattamento. Non abbiamo riscontrato alcuna differenza significativa tra il gruppo sperimentale e il gruppo di controllo, quindi erano bambini potenzialmente dotati della stessa abilità di far fronte a una situazione nuova.

Attraverso gli altri questionari abbiamo riscontrato un ottimo gradimento dell'iniziativa da parte delle famiglie e scarsissime tracce di trauma da ricovero durante l'intervista telefonica effettuata tre giorni dopo la dimissione.

Per quanto riguarda i disegni sono stati valutati sulla base di diversi parametri:

- *Tratto grafico e qualità psicologica del disegno*
- *Presenza-assenza di contenuti persecutori*
- *Presenza-assenza di contenuti depressivo-abbandonici*
- *Analisi delle identificazioni, condotta secondo il metodo delle preferenze/identificazioni, per valutare la presenza di un legame di affidamento significativo e di percezione di responsività del personale del reparto ai bisogni del bambino*
- *Presenza dei cani nel disegno come oggetti positivi e di identificazione*

La differenza su tutti questi parametri è risultata molto marcata tra il gruppo sperimentale e il gruppo di controllo: i bambini che hanno ricevuto la terapia assistita con animali presentano prevalentemente tratti grafici esenti da ansia, uso di colori vivaci, i contenuti non sono mai troppo persecutori e gli inevitabili riferimenti abbandonici legati all'ansia di separazione causata dal ricovero sono trattati efficacemente, all'interno del riconoscimento di un rapporto emotivamente significativo e valido con i cani, con gli operatori che li hanno condotti e una struttura ospedaliera nel suo complesso.

Un gran numero di volte i cani sono stati indicati come oggetti di relazione positivi, compagni di gioco con i quali i bambini possono identificarsi e sui quali possono adeguatamente trasferire le proprie ansie.

I disegni del gruppo di controllo, ovviamente privi della possibilità di rappresentare il cane come oggetto di relazione importante, erano molto più neutri sia come tratto grafico che come varietà e qualità di colori utilizzati, mentre temi persecutori e depressivi erano inevitabilmente presenti, laddove i bambini non sembravano possedere la stessa possibilità del gruppo sperimentale sottoposto al trattamento di reagire in maniera positiva al trauma in atto.

I risultati sono stati molto lusinghieri, così come incoraggiante sembra il consenso ottenuto dall'intervento con i cani sia da parte dello staff ospedaliero che da parte delle famiglie, che hanno facilmente superato tutte le perplessità, più o meno fondate, riguardanti l'igiene e l'opportunità di una tale presenza in ospedale.

Poi, vedere cani che circolano in ospedale, ben accolti da staff, famiglie e pazienti, non ha prezzo! Attorno al cane ruoli e funzioni si mescolano, lo staff perde la sua abituale e inevitabile rigidità funzionale, il primario si scioglie (per dire la verità si trattava di una persona informale e benvoluta), i bambini si entusiasmano e in breve, grazie ai cani, da "pazienti" tornano a essere bambini.

Ora caro Manlio è giunto il momento di raccontarti un'altra

meravigliosa esperienza con i cani, questa volta in carcere, nella sezione femminile del più grande carcere romano.

Cani in gattabuia: l'esperienza anglosassone

L'idea di utilizzare i cani nella risocializzazione e riabilitazione delle persone carcerate è nata qualche anno fa negli Stati Uniti. Vengono definiti "pet prison programs".

I pet prison programs, sviluppati principalmente negli Stati Uniti e in molti altri paesi anglofoni (come l'Inghilterra, la Scozia, l'Australia, il Sudafrica e il Canada) offrono l'opportunità ai detenuti di rendere un servizio alla società.

I detenuti si occupano volontariamente, per loro scelta e dietro loro espressa richiesta, dell'accudimento e addestramento (dopo un periodo di apprendimento e dietro supervisione del personale del carcere) di cani spesso non desiderati, provenienti dai ricoveri (canili) ai quali viene data un'altra opportunità di vita.

In base al tipo di programma e agli specifici obiettivi, dopo l'addestramento alcuni cani vengono accolti in nuove famiglie disposte ad adottarli, altri diventano cani di servizio addestrati per assistere persone disabili, oppure diventano compagni per persone anziane alloggiate in case di cura, mentre altri ancora vengono consegnati alle scuole specializzate per un maggiore addestramento prima di venire affidati a una persona non vedente, riducendo così i tempi necessari per l'addestramento del cane e quindi il tempo d'attesa.

I cani rappresentano anche un valido supporto riabilitativo per i detenuti, per questo motivo in alcuni pet prison programs vengono utilizzati esclusivamente con questa finalità.

I pet prison programs aiutano i detenuti ad avere un'opportunità di ripensamento e cambiamento profondo del loro essere al mondo attraverso un contatto significativo con il cane. I detenuti vengono istruiti ad attuare con i cani dei percorsi di addestramento, attività di accudimento e recupero comportamentale, qualora si rendesse necessario.

I detenuti inoltre possono acquisire delle abilità necessarie per la ricerca di un lavoro quando riprenderanno la vita sociale al di fuori delle mura del carcere. Imparano anche il senso di responsabilità, la pazienza, tolleranza, la capacità di stabilire e perseguire una meta, apprendono il modo per diventare dei bravi istruttori fondandosi sul metodo gentile di addestramento.

A nessun detenuto è permesso commettere grosse infrazioni durante lo svolgimento dei programmi, loro stessi sanno di perdere molto se ciò dovesse accadere, quindi generalmente mantengono il loro migliore comportamento, nella consapevolezza che il risultato del loro lavoro significherà una vita migliore per un'altra persona, per un cane e forse anche per loro stessi.

Un altro aspetto, fondamentale, consiste nell'opportunità che viene fornita ai detenuti di dare e ricevere affetto dagli animali coinvolti nei programmi, un affetto incondizionato e soprattutto mai critico.

Il convincimento che la riabilitazione del detenuto può essere facilitata dall'instaurazione del legame animale-uomo viene confermato dal fatto che spesso i detenuti coinvolti nei programmi mostrano una iniziale nuova propensione verso la comunità.

I pet prison programs aiutano a creare un senso di calma e rilassamento nell'ambiente istituzionale carcerario e una sorta di cameratismo. L'umore del personale ne risente positivamente, diminuisce il livello di stress mentre aumenta la disponibilità al lavoro di gruppo.

I cani rappresentano un ponte tra i detenuti e le guardie, così come lo sono tra una persona disabile e gli altri membri della comunità. Quando un disabile su una sedia a rotelle o un detenuto hanno al loro fianco un cane ci si dimentica delle barriere e delle differenze. Aiuta a spezzare la tensione.

La comunità esterna al carcere approva spesso i programmi, perché apprezza il fatto che i detenuti si rendano utili alla società. Così come apprezzano l'utilità dei programmi ai fini della risoluzione del problema dei cani abbandonati.

Molti cani infatti vengono abbandonati a causa dei loro problemi comportamentali, molte famiglie e individui spesso non sanno che i cani, come i bambini, hanno bisogno di pazienza e guida per realizzare il loro pieno potenziale. Ci vuole tempo e sforzo, cura e un corretto addestramento che tenga conto delle potenzialità e del carattere del cane per dare allo stesso la possibilità di diventare un membro utile della società come cane di terapia e compagno di persone disabili, audiolesi, ragazzi o famiglie.

Questi cani d'assistenza diventano un'estensione dei loro nuovi proprietari, donando ai loro partner umani sicurezza, libertà, indipendenza, opportunità di gioco/divertimento e soprattutto sollievo dall'isolamento sociale.

Per garantire la sicurezza e salute di tutti nell'istituzione, gli animali non devono avere malattie contagiose e affezioni di alcun tipo; devono essere, prima dell'inserimento nel programma, visitati, vaccinati ed esaminati accuratamente per accertare la loro buona salute. Un veterinario condurrà periodicamente degli esami medici su tutti i cani, mentre il personale e i detenuti devono comunicare al coordinatore del programma la presenza di qualsiasi sintomo o malessere dell'animale, anche se questo può apparire irrilevante.

L'accudimento e addestramento permettono ai cani di diventare più facilmente inseribili in una famiglia. Questi animali, una volta divenuti assistenti di disabili o anziani, rappresentano un contributo prezioso per queste persone.

Esistono dei fattori di rischio per l'animale.

Possibilità di abuso: i cani, soprattutto in una istituzione carceraria di massima sicurezza, possono subire abusi.

Possibilità di affaticamento: non esiste nessuno standard di riferimento sulla durata di una visita, o su quante visite al giorno o a settimana è consentito al cane «presenziare». È comunque ampiamente riconosciuto che gli animali residenziali debbano avere delle pause, non si può quindi pretendere che siano di servizio continuamente.

La seconda chance

L'accudimento, cura e addestramento di un cane che probabilmente diventerà un cane di servizio per una persona che ne avrà molto bisogno, determina un senso di responsabilità nel detenuto, la determinazione nel raggiungimento di una meta, la pazienza, la disciplina, il piacere di essere completamente responsabile di un essere vivente, la capacità di dare e ricevere amore incondizionato e la capacità di lavorare in gruppo.

Il detenuto spesso riacquista fiducia in se stesso e nel prossimo, sviluppando le sue capacità sociali e comunicative, svolgendo un'attività utile alla società, senza compromettere la sicurezza pubblica o la sicurezza delle istituzioni. Il tempo che i detenuti spendono insieme ai cani si rivela utile per sviluppare nuove importanti abilità professionali a volte certificate ufficialmente e utilizzabili per la futura ricerca di un lavoro, nel momento in cui il detenuto uscirà dal carcere.

Un altro risultato consiste nell'accelerazione dei tempi di addestramento dei cani di servizio per disabili e in particolare dei cani guida per ciechi, che possono così essere affidati ai destinatari in tempi più veloci (per i cani guida per ciechi è comunque necessario un successivo addestramento in una specifica scuola).

Ma i benefici offerti da questi programmi investono non solo i detenuti ma anche gli animali ai quali viene offerta una seconda opportunità, diventare cani di servizio piuttosto che vivere tutta una vita in canile.

Fin qui quello che succede nei paesi dell'area anglofona, dove si sono diffusi questi interventi.

E da noi? Qualche tempo fa partecipai al progetto Confido, presso il carcere romano di Rebibbia.

Confido

Il progetto nacque da un'idea di Massimo Perla, il noto addestratore di cani per il cinema e la televisione. L'idea era divisa in due livelli, recuperare cani dal canile, insegnare loro tutta l'obbedienza di base e la socializzazione per essere inseriti nelle nuove famiglie, per poi selezionare dei cani da addestrare per l'aiuto specifico a persone disabili.

Tutto questo lavoro lo avrebbero fatto le detenute, opportunamente formate.

Le detenute hanno tempo, tanto tempo.

Siamo cresciuti con l'immagine cinematografica delle carceri statunitensi, violente, dove un uomo di colore alto, brutto e muscoloso come tre culturisti messi insieme è disposto a uccidere e sodomizzare per un nonnulla. Rivolte e risse sempre dietro l'angolo.

"I cani verranno mangiati, e noi pure!".

Niente di tutto questo, nella mia esperienza in quel carcere la violenza dominante non è quella fisica, ma quella legata alla somministrazione sistematica della noia.

Con Massimo scegliemmo delle persone tra gli istruttori cinofili di maggiore competenza e motivazione e formammo uno staff attraverso diversi incontri di gruppo nel corso dei quali veniva analizzato l'impatto verso l'istituzione carceraria, tutte le possibili fantasie anticipatorie e i metodi di lavoro più adeguati alla situazione.

Poi conobbi lei.

Sorella Pauline, Pax e i cani anti-noia

Vigore inesauribile, simpatia devastante, gesti decisi con cui comunicava con il suo cane, Pax, uno splendido Golden Retriever. Spirito indomito, ha voluto fare agility, mai fatta prima, sicura che il suo cane l'avrebbe seguita anche tra le fiamme. Vederla con le vesti svolazzanti condurre il suo cane ostacolo dopo ostacolo fu uno spettacolo irresisitibile.

Chi?

Sister Pauline Quinn, fondatrice dei pet prison programs negli Stati Uniti d'America.

Prima di diventare una religiosa ebbe una vita "on the road", per anni attraversò l'America giovanissima vagando con bande di amici e i loro cani, una sorta di punkabbestia ante litteram. Una storia di violenze, subite e autoinflitte, una storia di disaccordi con la famiglia che la portò prestissimo a vagare per strada.

Poi la conversione, il recupero di sé, vestire gli abiti domenicani e il viaggio in Italia dove iniziò a lavorare con i rifugiati Africani. Poi di nuovo gli USA e i pet prison programs, nel corso dei quali avrebbe aiutato tanta gente emarginata come lo era stata lei stessa.

Vi fu il gran lavoro di Massimo Perla presso l'istituzione carceraria, lavoro che rese possibile il progetto Confido. Rebibbia femminile è un posto pieno di iniziative, ho trovato persone carine, preparate e sensibili sia tra gli educatori che tra la polizia penitenziaria.

Però è pur sempre un carcere, per di più un carcere italiano e, si sa, l'Italia per burocrazia e procedure farraginose era seconda solo all'ex Unione Sovietica... ora non so se siamo più secondi a qualcuno...

La lentezza e la noia erano i temi dominanti.

I cani azzerano tutto. Azzerano la noia, azzerano l'inevitabile curiosità morbosa, "chissà Claudia (nome di fantasia) cosa ha fatto, perché sta qui?".

Psicologi, detenute, istruttori cinofili, agenti di polizia penitenziaria, disabili si mescolano e ridono, scherzano, lavorano seriamente, costruiscono i box per i cani e l'area di lavoro, sistemano una parte della tenuta agricola che diventa un campo per l'agility e l'obedience.

I cani girano in agility e tutti sorridono felici. Vauro, noto vignettista, presta gratuitamente il suo tempo e la sua ironia per trasformare un muro di cemento in uno splendido e allegro murale.

Aspetto il giovedì mattina con piacere. Per lavorare in carcere? Sei diventato matto, mi dico? Sì, per lavorare in carcere e vedere i cani, le detenute e gli agenti di custodia ridere e progredire giorno per giorno.

Imparando l'agility e l'obedience, lavorando in un posto dove c'è un murales "d'autore", realizzato sotto i nostri occhi, le ragazze, piene di sensibilità, di umanità, vivacità e simpatia, riprendono vita, si riprendono la loro vita. Sì, le ragazze se stanno lì qualcosa devono pur aver sbagliato, ma stanno pagando, non importa.

Ciascuno di noi ha condotto cani, costruito box, pulito cacche, parlato, sorriso, pianto, disegnato, scritto, pensato. I cani possono realizzare la democrazia diretta, la condivisione e la reciprocità come nessun governo potrà mai fare.

Ogni tanto qualche ragazza parlando del futuro si commuove e piange.

C'è ancora da aspettare, ma ci sono i cani da addestrare, da accudire, da amare. Ci sono gli istruttori e gli psicologi con cui condividere, sorridere e lavorare, lavorare.

Poi la felicità delle famiglie affidatarie dei cani, il momento della consegna, poi "Il saggio", durante il quale le ragazze hanno mostrato le abilità acquisite.

Al cane non manca la parola

Ho visto cani superare ostacoli di ogni genere, gentili e disciplinati dietro una sedia a rotelle, cani imparare ad accendere interruttori, in questo contesto ho imparato cosa si può riuscire a realizzare con un cane con il metodo del Clicker Training.

Ho imparato che se siamo gentili con un cane e abbiamo voglia di instaurare con lui una relazione di curiosità, di attenzione, cortesia e lavoro condiviso, il cane resituirà molto più di quel che ha ricevuto, in termini di dedizione, impegno, risultati.

Lavorando con i cani ho capito che sono soggetti senzienti, coscienti, che prendono decisioni, che restituiscono più di quanto ricevono.

Nel luglio 2012 lo hanno detto anche i neuroscienziati, gli animali hanno una coscienza e prendono decisioni anche se non dispongono del neocortex come gli uomini.

I cani hanno una vita morale, quindi sono passibili del rispetto dovuto alla persona senza però avere responsabilità morale e quindi colpe, come i bambini, come chi soffre di un disturbo generalizzato dello sviluppo, di Alzheimer oppure si trova in uno stato di coma.

Da bambino sentivo spesso dire: "Quant'è intelligente quel cane, gli manca la parola".

No, la parola non gli manca, la lascia a noi, come la costru-

zione di sistemi filosofici, di welfare state, di ospedali e tecnologie in grado di aumentare la longevità e la qualità della vita come in nessun'altra epoca, di teorie scientifiche, di sistemi di pensiero religioso, di musica e arte, ma anche di armi di distruzioni di massa, di violenze e sperequazioni, di disprezzo e fondamentale emarginazione per tutti gli altri soggetti morali che non siano "*homo oeconomicus*", come i malati non più produttivi e senzienti, gli emarginati, i bambini che non potranno mai nascere, tutti gli animali non umani, la natura, le generazioni future, delle quali abbiamo già ipotecato, in senso negativo, l'esistenza.

È il prezzo che l'umanità paga per avere in esclusiva l'esercizio del *logos,* che non è l'intelligenza tout court, ma il linguaggio. Profondo, articolato, capace di dar vita a magnifiche cattedrali del pensiero che possiamo abitare, nelle quali fermarci, stupiti e meravigliati, a contemplare le vette della sapienza basata sull'esercizio analitico e verbale del linguaggio, ma trascurandone altre forme, non verbali, non semantiche e sintattiche, che vedrebbero i cani più in gamba di noi.

Linguaggio, appunto. Nient'altro.

Tanto, sì, ma condizione non necessaria per l'intelligenza, semmai una particolare evoluzione dell'intelligenza, messa lì da un Dio giocoso, fantasioso e pieno d'amore, oppure bizzarro frutto, non necessario e non determinato, dell'evoluzione della vita.

I cani, semplicemente, non hanno bisogno del *logos,* sono perfetti così.

Caro Roberto,
i cani fanno bene. E questa non è una gran scoperta. Ma quando sperimenti l'effetto benefico su te stesso allora ti sembra di aver trovato la "pietra filosofale" (il desiderio di ogni alchimista: quell'elemento che trasforma ogni metallo in oro!).

Ma non voglio parlare di me adesso. L'ho già fatto nel corso di questo dialogo-libro con te. Quello che voglio fare è un percorso attraverso le storie del cinema in cui si racconta il rapporto virtuoso e – spesso – terapeutico tra uomo e cane. Storie talvolta vere che è bello sentirsi raccontare.

Il mio cane Skip: crescere col cane

I bambini possono imparare molto dai cani. A volte semplicemente "a crescere". È il caso di Willie Morris, grande scrittore americano venuto a mancare nel 1999. Nel suo libro *My dog Skip* racconta proprio di questo: di come la presenza di un piccolo fox terrier abbia rovesciato la sua infanzia fragile, il suo carattere timido, la sua tendenza all'introversione. E ne è venuto fuori un film molto commovente e suggestivo dal titolo *Il mio cane Skip*.

Non so se hai avuto modo di vederlo, ma te lo consiglio. È la storia di Willie che a 9 anni per il suo compleanno riceve il regalo più gradito: un cucciolo di nome Skip, nonostante il disaccordo del padre un po' burbero che manifesta una paura comprensibile: Willie è troppo piccolo per occuparsi di una "vita" e troppo esposto al fallimento (e quindi alla sofferenza) di questa relazione bambino-cane.

Nel film come nel libro, assistiamo al potere del cane di farti sentire un essere migliore. Occuparsi di Skip aiuta Willie a prendere confidenza con se stesso e a trovare un modo per uscire da quell'isolamento a cui la sua natura timida lo condanna.

Il piccolo fox terrier è l'amico che ha sempre desiderato perché non lo giudica e non lo mortifica come fanno gli altri. E questa è una grande lezione che apprende ancor prima di entrare in quel posto spesso freddo e inospitale che è l'adolescenza: la lezione è che un vero amico, per quanto sia "solo" un cane, deve essere capace di accettarti per quello che sei.

Per farti capire quanta bellezza ci sia in questo film ti trascrivo il monologo finale recitato da un Willie ormai adulto e che ogni volta causa in me potenti eruzioni di pianto incontrollabile (eh sì, il mio cane Elrond mi ha aiutato anche in questo: a vivere un'empatia più forte nei confronti degli animali e delle storie tra loro e noi):

> *Poco mancò che non perdessi Skip quel giorno, anche lì su quel tavolo operatorio mi aveva insegnato qualcosa... quel giorno diventai un po' più grande. Perché da piccoli vogliamo che il tempo passi in fretta! ? Vogliamo crescere rapidamente! ? E poi da adulti desideriamo esattamente l'opposto! ? Se come dicono la vita di un cane equivale a quella di noi esseri umani in un rapporto stimato di 7 anni a 1, allora Skip era già adulto quando io ero ancora un ragazzo. A volte sembrava possedere la saggezza di una creatura vecchia quanto il tempo... Tutte le cose che impari nell'infanzia ti arrivano come ondate improvvise... nel ricordare momenti come quelli, conservo il malinconico dolce riflesso della mia immagine di bambino col suo fedele e amato cane. Nel superare le difficoltà della vita, i pericoli le trappole le delusioni di cui è costellata la strada per crescere, la lealtà e l'amore furono per me gli strumenti migliori e sicuramente quelli più duraturi... ...il cane della tua infanzia ti insegna tante cose, sull'amicizia, sull'amore e sulla morte. Io ero un figlio unico, lui era un cucciolo unico... il vecchio*

Skip...non perse mai quel suo sguardo malizioso... mi è capitata sotto mano una sua foto, non molto tempo fa, quel suo musetto con il lungo naso che annusava qualcosa nell'aria, la codina impertinente dritta sull'attenti e gli occhi che brillavano di una qualche momentanea eccitazione. Una cosa che gli piaceva da matti era farsi grattare sulla schiena e quando lo facevo, lui sbadigliava e si stiracchiava e allungava verso di me le sue zampette, come se cercasse di abbracciarmi. Un giorno ricevetti un telegramma: "Skip deceduto. Papà", c'era scritto. Lui e mamma... l'avevano seppellito sotto il nostro olmo, mi dissero. Ma questo non era del tutto vero, perché in realtà, Skip era sepolto... Nel Mio Cuore.

Da brividi. Un film che andrebbe fatto vedere a tutti i bambini e a tutti quei genitori che pensano che un cane sia solo un "cavallo di troia ripieno di germi" o una versione pelosa e a quattro zampe di uno squalo bianco!

Un cane per amico: Border Collie anti-depressione

Ormai la scienza l'ha dimostrato: il contatto con un animale, nello specifico un cane, è un potente antidepressivo. Prendersi cura della vita di un quattrozampe e condividerne i giorni aiuta a scavalcare i recinti che ti chiudono nei confronti del Mondo. È come se la presenza di un'altra vita ti aiutasse a distrarre lo sguardo dal tuo ombelico per guardare quello che c'è fuori di te. Come ho letto su una rivista di psicologia (*Riza Psicosomatica*): *In particolar modo, stando a contatto con un animale, soprattutto cani e gatti, impariamo a esprimere tenerezza e affetto, a essere più spontanei, meno razionali e riflessivi.*

Ecco esattamente quello che accade nel film (non eccezionale, ma anche questo tratto da un libro autobiografico) con Jeff Bridges dal titolo inequivocabile *Pet Therapy – Un cane per amico*. Lui è uno scrittore in crisi d'ispirazione e isolato dal mondo, dopo la separazione dalla moglie. Il classico esempio di persona che ha preso la pericolosa china della disperazione e della depressione. Quante ne conosciamo di persone così? Ce ne sono tante. Poi arriva uno sfrenato Border Collie (ma quale Border non lo è?!) e la sua esistenza è travolta come se si fosse abbattuto uno tsunami sulla sua vita.

All'indifferenza a cui si sta abituando deve rinunciare subito, perché il cane gli dà filo da torcere. Vuole attenzione, vuole giocare, mangiare, uscire. Così giorno dopo giorno impara quello che molte persone dovrebbero apprendere dalla relazione con un cane, il che viene esattamente espresso da uno dei personaggi del film (una vecchia educatrice cinofila a cui il protagonista si rivolge): "Non è il cane ad avere disturbi comportamentali, è il padrone ad avere problemi".

Io ho conosciuto personalmente individui che hanno trovato nel cane una via d'uscita dal vicolo cielo in cui la vita li aveva costretti. Un mio amico pittore, per esempio, ha trovato nel suo Barboncino Toy una terapia efficacissima al suo mal di vivere. L'ultima volta che sono stato a casa sua, mi ha confessato che nei momenti in cui sente salire la marea del "male liquido" (così lui chiama la depressione) si tuffa sul divano e fa una dose di "coccole" a Frida per sentirsi subito scaldare dentro. A questo proposito è interessante che secondo Johannes Odendaal e Roy Meintjes, ricercatori dell'università di Pretoria in Sudafrica, "accarezzare e coccolare un cane non è solo piacevole, ma riduce la pressione arteriosa e fa aumentare la produzione dell'ormone della fiducia e dell'attaccamento chiamato ossitocina".

Umberto D. - un cane come bastone per la vecchiaia

Bambini, uomini e pure anziani. Il cane fa bene a tutti (mentre scrivo, sembra quasi che stia parlando di una panacea, un medicinale che cura ogni cosa!).

Ho letto diverse articoli e ricerche su questo punto, perché mi ero incuriosito sull'argomento. La mattina quando andavo sul lungomare di Salerno a passeggiare con il mio Elrond, incontravo frotte di persone di una certa età in giro con i propri amici a quattro zampe. Binomi lenti e stanchi, che facevano a gara a chi avesse più infermità e disagi fisici. La coppia che più mi faceva tenerezza era composta da una signora di circa 80 anni claudicante, appoggiata al suo bastone nodoso e logoro che portava a spasso un piccolo cane nero anch'egli con problemi di deambulazione! Incredibile: due esseri zoppicanti in giro per le strade, con passo trascinato ed espressioni stanche.

Dicevo delle letture sull'argomento: cani e terza età. Bene ovunque emerge che allevare e gestire un cane allunga la prospettiva e la qualità della vita degli anziani. Sia perché li spinge a fare movimento, sia soprattutto perché dà una motivazione più salda alle loro giornate rappresentando anche una ragione di forte attaccamento alla vita.

Ricordo a questo proposito un altro signore che incontravo spesso nelle mie passeggiate. Un uomo rimasto vedovo da poco più di un anno. Aveva trovato la sua cagnolina, che ora portava in giro, davanti al cimitero dove quel giorno aveva seppellito la moglie. Era molto attaccato a lei , forse perché rappresentava un legame con la vita e l'amore che aveva perduto.

Caro Roberto c'è un film, un autentico capolavoro assoluto del cinema italiano di tutti i tempi, che è come la trasposizione di questa teoria. È *Umberto D.*, di Vittorio De Sica. Un vec-

chio pensionato nell'Italia del dopoguerra, senza famiglia, senza un alloggio, senza soldi. Non ha nulla, se non il suo cagnolino Flaik. Noi ne seguiamo le piccole odissee quotidiane puntellate dal rapporto con questo cane che ama, ma che non può tenere. Eppure nel finale è proprio l'amore per Flaik a evitare il suicidio di Umberto.

L'ultima sequenza è di una malinconia e di una poesia che mettono i brividi. Umberto D. prova a recuperare la fiducia del cagnolino (nelle inquadrature precedenti abbiamo visto il vecchio tentare di buttarsi sotto a un treno tenendolo in braccio e Flaik, accortosi del pericolo, è scappato impaurito) tirandogli una pigna per farlo giocare. E davanti a un pigna rotolante quale cuore di cane non si scioglie?! Così Flaik gioca con Umberto e così, riconciliatisi con la vita, i due si allontanano insieme in un vialetto. Un'unica vita, un'unica ombra pronti a condividere l'inverno delle loro esistenze ormai intrecciate.

Ecco ciò che un cane può rappresentare per un uomo.

9.

Conclusioni

Sembra che siamo giocondi perché siamo immensamente tristi. Noi siamo seri, conosciamo l'abisso, e per questo ci difendiamo da ogni serietà.

— Friedrich Nietzsche, *Frammenti Postumi*, autunno 1885- autunno 1887

Caro Manlio,

giunti alla fine di questo percorso, resta nella mia mente una domanda inevasa, che affronto quotidianamente, una sorta di assedio alle mura del castello, un assedio dal quale provo disperatamente a uscire con la spada in mano come Re Theoden ne *Il signore degli anelli.*

Scrivere nasce da una ferita e mi rendo conto che, forse, questo nostro lavoro è come un tentativo di uscire con la spada in mano e affrontare le domande, a cui non so ancora dar risposta: perché non abbiamo tutta una vita per metabolizzare i sentimenti così potenti e coinvolgenti che si originano nel rapporto con un cane? Perché le vite di due creature, così intimamente unite, sono talmente tanto diverse nella loro durata?

Dove vanno a finire tutto il bene, tutto l'amore, tutto il piacere che si provano durante la vita con un cane? È un patrimonio che va perduto, oppure di tutta questa bellezza resta qualcosa?

Me lo chiedo anche in questo momento, mentre Banshee interrompe la scrittura con il suo fare nobile e riguardoso, sollevandosi sulle zampe posteriori e poggiandosi lieve sul mio braccio destro, socchiude gli occhi, che virano verso un taglio orientale, attende il mio consenso e delicatamente porta la lingua sul lato della mia bocca, ripetendo il gesto antico del cucciolo che chiede cibo alla madre, poi, finalmente soddisfatta e accolta, socchiude gli occhi, si lascia andare a me e, totalmente fiduciosa, mi regala la sua anima.

Sento che questo è un gesto eterno, fondato sull'aspetto più profondo dell'attaccamento, quello che discrimina la morte dalla vita, la richiesta di un cucciolo di essere nutrito dalla madre; e di più, di essere accudito, e ancora di più, di rinsaldare un legame che sarà per sempre.

Ma non sarà per sempre.

Mentre godo di questo momento, mentre lo avverto come eterno, un gesto che trascende le nostre individualità per inscriversi nello scorrere del tempo, un gesto che si ripete da sempre e si ripeterà oltre noi, percepisco inevitabilmente l'effimero, la limitatezza nel tempo delle nostre individualità.

Ancor più dolorosa è la percezione della probabile limitatezza dell'individualità di Banshee rispetto alla mia.

Bardo ha una figura di una bellezza mozzafiato. Spesso si acciambella vicino a me sul divano. Quando è in piedi sento i suoi muscoli potenti, lunghi, reattivi, mi dà un senso di sicurezza.

Steso sul divano invece rilassa totalmente la muscolatura, ne sento le ossa e, pur godendomi il piacere di averlo vicino e provando sentimenti positivi, mi è venuto spontaneo chiamarlo silenziosamente "il mio mucchietto di ossa".

Ciò che diventerà, che diventeremo.

La mia mente va alla "Danza Macabra" dipinta sotto il tetto di una chiesa di Pinzolo, in Trentino. Capisco perché sia stata dipinta.

Un bene infinito sperimentato accanto a un pensiero di fine, di morte, un paradosso inaccettabile, una consapevolezza insopportabile.

In quei momenti ciò che succede intorno a me sembra scorrere via, gli eventi della vita quotidiana diventano un film proiettato su una tela lontana, con l'audio ovattato. Tutto si muove al rallentatore e quasi perde di senso, mi trovo in un'altra dimensione, un mondo parallelo in cui scorrono velocemente le immagini di Bardo che corre felice, salta gli ostacoli, mi cerca per manifestarmi il suo amore; vedo l'immagine di quando lacero il sacchetto e lui fa il primo respiro, dopo che l'ho passato alla mamma che lo lecca, di lui che si attacca e prende il latte, di lui scelto tra gli altri per il suo carattere disponibile e sempre allegro, di lui cucciolo con un muso lungo e affettuoso, poi lo vedo come un mucchietto d'ossa e queste immagini, inevitabilmente presenti tutte insieme generano sentimenti fortissimi. In quel momento la mia anima tocca l'amore e la morte, il tempo e l'eternità, insieme.

La brevità della vita di un cane rispetto alla nostra, l'assoluta mancanza di proporzione tra l'intensità dei sentimenti che si generano e la brevità della possibilità di farne esperienza diretta, sono dei misteri della natura di fronte ai quali la nostra mente si inchina per l'impossibilità di comprenderli.

Tutto ciò è doloroso ma non malinconico. Tutto ciò è sublime. Vediamo perché.

Corrado Augias, nel suo *I segreti d'Italia*, spiega come al popolo italiano non appartenga il senso del tragico, profondamente presente invece nei popoli di origine germanica. Un mito della mia famiglia narra che il 50% del mio DNA porti con sé cospicue tracce provenienti dalla nobiltà delle isole britanniche. Non so quanto ci sia di vero, ma in effetti il nordico senso del tragico funziona potentemente in me, mentre la mediterranea "dolcezza del vivere" (ancora C. Augias), la cinica adattabilità a qualsiasi situazione, per mia sfortuna mi sono sconosciute.

Il termine "tragedia" proviene ancora una volta dalla Grecia classica *Targos*, il Capro, e *Oidé,* canto, ode. Il canto del Capro che veniva sacrificato durante i riti dionisiaci.

Il senso del tragico è andare verso l'ineluttabile, ciò che è più grande di noi, che non riusciremo a superare, ciò nondimeno andare, vivere, assaporare ogni momento che ci è dato, senza per questo cedere all'edonismo, anzi, mantenendo una tensione costante verso il bello e il bene, perché la nostra vita è sacra, va oltre noi e abbiamo il dovere e l'opportunità di onorarla alla nostra massima potenzialità possibile, senza veli.

Scrive Pierre Hadot ne *Il velo di Iside:* "*Per essere umani fino in fondo bisogna avere il coraggio di prendere coscienza di quanto vi è di terribile, di insondabile, di enigmatico nel mondo e nell'esistenza, senza rinnegare il brivido d'angoscia che coglie l'uomo davanti al mistero. Un atteggiamento del genere presuppone uno sradicamento profondo dalle abitudini quotidiane, uno spaesamento totale. Ed è appunto questo spaesamento a farci vedere le cose come se le vedessimo per la prima volta, suscitando in noi ammirazione e terrore*".

Vivere con un orizzonte completo, senza negazioni né ipocrisie, comprende la consapevolezza del mistero, dell'ineluttabilità che ad amore si accompagni morte, che in tutte le cose belle della vita sia inscritta la loro fine e di nuovo l'apertura all'altro, al futuro, in uno scorrere infinito.

Questo processo somiglia a ciò che Spinoza definisce "conoscenza intuitiva", il grado sommo della conoscenza, che va oltre la limitatezza della conoscenza razionale.

Sporgersi oltre la limitatezza della conoscenza razionale significa riuscire a considerare le cose "*sub specie aeternitatis*", la capacità di trascendere le nostre esistenze individuali.

Solo così la danza sincronica di Amore e Morte può essere inscritta in un orizzonte di senso che lenisca la lacerazione dovuta allo sperimentare contemporaneamente sentimenti talmente opposti.

Goethe, in *Maximen und Reflexionen*, riconosce l'angoscia dell'uomo di fronte ai misteri della natura, ma considera questa angoscia non un sentimento deprimente ma, per chi è in grado di sopportarla senza negarla, lo stato più elevato che si possa raggiungere.

Per Martin Heidegger la vera autenticità dell'uomo è *essere-per-la-morte,* affermazione che nulla ha a che fare con il nichilismo e la rinuncia alla vita, che anzi enfatizza la libertà, l'uomo come *progetto-gettato-nella vita*, le infinite e magnifiche possibilità di scelte esistenziali, fino a che la nostra morte individuale ci toglierà tutte le altre possibilità.

Riuscire ad affrontare il senso del tragico è più che bello, è addirittura sublime.

"*Tutto ciò che è avviluppato e colmo di mistero contribuisce allo spavento e con ciò è suscettibile di sublimità*", dice Schiller nel suo trattato *Del Sublime.*

Schopenhauer riconosce il sentimento di perdita e di angoscia di fronte al mistero, l'uomo che si sente "*goccia nell'oceano*", ma "sublime" è riconoscere la nostra rappresentazione e trascenderla, andare oltre, nel ciclo di vita e morte, sentirsi parte di un tutto "*... E quindi nella sua smisurata grandezza non già schiacciati, bensì innalzati... innalzamento sul proprio individuo, sentimento del sublime*".

La filosofia occidentale si basa sulla speculazione razionale, Il sapere orientale invece è connotato da uno spirito pratico, da una parte indirizzato alla religiosità, dall'altra all'uomo: è in questo contesto che uno degli esercizi della meditazione buddista invita a contemplare il proprio scheletro: non uno scheletro qualsiasi, proprio il nostro!

Dai e dai forse ci si abitua all'idea, imparando nel contempo a mettere da parte le piccole cose quotidiane e guardare oltre.

Molte delle nevrosi che incontro lavorando nel setting psicoanalitico con i miei pazienti originano dalla paura di vedere, di conoscere, di trascendere; derivano dalla paura di vedere Amore e Morte così inscindibili, fuse in un'unica, inquietante, immagine; derivano quindi dalla fondamentale paura di perdere e perdersi.

Così per non perdere e non perdersi le persone rinunciano a vivere.

E così perdono.

Davvero.

Il passaggio psicoanalitico dalla difesa, dalla non conoscenza, al disvelamento è sempre accompagnato da angoscia e malinconia, da quella speciale angoscia già identificata da Kierkegaard anni prima della psicoanalisi. Dopo, però, finalmente le persone possono accettare di vivere con pienezza.

Così tanti evitano di prendere con sé un cane perché sanno che poi soffriranno troppo. Magari hanno già sperimentato quel particolare, unico, tipo di sofferenza legato alla morte di un cane, e la temono, giustamente.

Così però si perdono il sublime che consiste nel vedere scorrere la vita e l'amore da noi oltre noi e accettare, con gioia malinconica, il tramonto della bellezza, perché solo quel tramonto può aprire nuova bellezza e riempire il mondo di novità, di cambiamento, di evoluzione.

Tutto ciò senza una precisa finalità, perché la vita forse ha la sua ragione di essere in sé, perché la vita forse è Dio, il *Deus sive natura* di Spinoza, gli *Universi infiniti* dove tutte le cose sono piene di Dio di Giordano Bruno.

Forse Dio è in un cucciolo che nasce, e non vuole essere da parte mia la ripetizione della nota bestemmia toscana, quella senza la "c" di cane, che, a ben vedere, non la trovo nemmeno una bestemmia.

Forse, come Harry Potter nell'ultimo libro della nota saga della Rowling, dobbiamo "aprirci alla chiusura", accettare di soffrire per amare, di vivere per morire e trovare il senso di tutto questo nel partecipare così alla vita, che si rinnova e continua anche attraverso ciò che ciascuno di noi trasmette e tramanda.

Senza l'amore dei miei cani tutto questo non l'avrei capito.

Grazie, miei piccoli Elfi!

Ringraziamenti

A Cristina Levi, perché non ha mai smesso di credere in questo libro, ci ha spinto a migliorarlo continuamente scovando tutte le debolezze di quello che avevamo scritto e valorizzando i punti di forza con grande acume. È davvero un piacere lavorare con lei e con tutto il suo team.

A Paola Comin, perché ha dovuto sopportare con infinita pazienza tutti gli sms, le mail e le mie telefonate per arrivare a mettere insieme le note introduttive di Lucia e Lino Banfi e di Christian De Sica. È un'amica e una grande amante dei cani, e ha capito fin da subito lo spirito di questo libro.

A Michele Sabia, perché è la professionalità e l'amicizia allo stato puro. È grazie a lei che abbiamo avuto la possibilità di arrivare a Ornella Muti e farle conoscere il nostro manoscritto.

A Ornella Muti, Lucia e Lino Banfi, Claudio Di Biagio, Christian e Silvia De Sica per averci "fatto entrare" nelle stanze private del loro amore per i cani e averci dedicato del tempo per scrivere queste belle parole sul nostro libro.

Nota sugli autori

Manlio Castagna, regista, sceneggiatore, formatore ed esperto di social network, dopo una laurea in Semiologia degli audiovisivi ha studiato cinema negli Stati Uniti ed è entrato nell'organizzazione del Giffoni Experience, il più importante festival al mondo dedicato al cinema per ragazzi. Dal 2007 ne diventa il vicedirettore artistico e il social media manager. Autore di cortometraggi pluripremiati, documentari, videoclip, sceneggiature per il cinema e del libro *Pronto soccorso cinematografico per cuori infranti*.
www.facebook.com/socialmanlio - Instagram e Twitter: @manlio_k

Roberto Mucelli è istruttore cinofilo dell'Ente Nazionale Cinofilia Italiana. Coadiuva la moglie Cristina nell'allevamento di Border Collie "di Petrademone". Lavora a Roma come psicoterapeuta ed è docente presso la Scuola di Specializzazione in Psicologia Clinica della Facoltà di Medicina e Chirurgia dell'Università di Roma La Sapienza. È mental coach per CONI-Federazione Italiana Tae Kwon Do, medaglia d'oro alle Olimpiadi di Londra 2012. Ha compiuto studi e ricerche in: filosofia, cinofilia, terapie assistite con gli animali, difesa dell'ambiente, psicoterapia psicoanalitica, dipendenze patologiche, rapporto mente-corpo, malattie autoimmuni. Laureato in psicologia, con specializzazioni in psicologia clinica e in psicoterapia psicoanalitica, è membro della Società italiana di Psiconeuroimmunoendocrinologia e della Divisione 47, Sport and Exercise Psychology della American Psychological Association.

Arden Moore
50 SEMPLICI COCCOLE PER FAR FELICE IL TUO CANE
EDIZIONI IL PUNTO D'INCONTRO

Manlio Castagna
PRONTO SOCCORSO CINEMATOGRAFICO PER CUORI INFRANTI
Presentazioni di
Pupi Avati
Sergio Castellitto
Claudia Gerini
e Filippo Timi
70 film per scoprire quanto il cinema faccia bene, anche all'amore
EDIZIONI IL PUNTO D'INCONTRO